빛깔있는 책들 301-12

# 야생 동물

글, 사진/윤명희

(ⓦ) 대원사

윤명희 ————————

1954년 부산에서 태어나 이화여자대
학교 과학교육과 ( 생물 전공 ) 와
경희대학교 대학원 생물학과를 졸업
하고, 일본 규슈(九州)대학에서 동물
학(특히 박쥐류의 계통분류학)을
전공하여 농학박사학위를 취득하였
다. 1985년부터 경성대학교 생물학과
교수로 재직중이며, 그동안 발표된
논문은 19편, 번역서로서 「박쥐의
神秘」(저자 內田照章)가 있다.

**빛깔있는 책들 301-12**

# 야생 동물

# 야생 동물

# 머리말

　이 책의 목적은 일반 대중과 전문 과학자들이 우리나라의 야외에서 포유류를 발견하였을 때 그 종(種)이 무엇인지를 쉽게 동정(同定；생물의 분류학상 소속을 바르게 정함)할 수 있게 하는 데 있다.

　우리나라의 포유류에 대한 연구는 기글리오(Giglioli) 씨와 살바도리(Salvadori) 씨가 1887년에 단 1종을 기록한 이래 주로 소련, 일본, 미국 등 외국 학자들에 의해서 행하여져 왔다. 그러나 다행히 1967년에는 원병휘 박사에 의해서 그때까지의 포유류에 관한 연구 자료가 정리되어, 문교부 발행 포유류 도감이 편찬된 바 있다.

　그러나 이 도감은 야외용으로는 부적합하며, 그동안 분류 체계도 변하였다. 또한 식충류와 우리나라에서 비교적 분류학적 연구가 활발한 박쥐류의 경우, 예전의 분류 방식과는 다르게 분류된 종들도 있어, 한국산 포유류에 관한 새롭고 편리한 책을 필요로 하는 실정이다.

　이 책에는 한국산 포유류 8목 28과 63속 96종 14아종 가운데 수중 생활을 하는 기각목(물개, 물범 등 2과 4속 6종)과 고래목(고래, 돌고래 등 6과 11속 13종)을 제외한 모든 종류 6목 20과 49속 78종 13아종을 수록하였다. 이 가운데 12과 22속에 속하는 26종은 북한에만 서식하며(종명에 * 표시), 남한에는 6목 18과 43속에 속하는 61종 4아종이 서식하고 있다.

각종에 대하여 표준 측정법에 의한 몸 각부분의 측정치(단위 밀리미터)와 형태를 간단히 기재하였고(그림 1), 또한 각종에 대한 서식 현황, 습성, 먹이, 서식지, 번식 등의 생태와 분포도 간단히 설명하였다. 각종에 대한 학명과 분류 방식은 박쥐류와 그 밖의 몇 종을 제외하고는 콜베트(Corbet, 1978년: 콜베트가 1978년에 발표한 논문을 참조하라는 뜻) 씨의 분류 체계를 따랐고, 한국명은 원병휘 박사의 「한국 동식물 도감」 포유류편(1967년)과 원병오 박사의 「한국 포유류 목록」(1976년)을 참고로 하였다. 한편 일부 박쥐류의 기재 순서는 안도(安藤, 1982년)와, 필자와 우찌다(Yoon과 Uchida, 1983년)의 방식을 따랐다.

이 책에는 61종의 남북한에 서식하는 포유류 사진이 제시되어 있다. 비록 남북한의 모든 포유류 사진이 제시되지는 못했고, 입수가 어려운 일부 아종의 경우 같은 종에 속하는 외국산 아종의 사진이 제시되었지만, 본 책은 우리나라에서 발행된 포유류 도감 가운데 가장 많은 포유류의 사진을 싣고 있으므로 독자들이 포유류를 관찰하고 연구하는 데 많은 도움이 되리라 믿는다.

이 책을 집필하는 데 있어서, 여러 가지로 조언을 아끼지 않으시고 귀중한 사진도 제공해 주신 경희대학교 원병오 교수님께 깊은 감사를 드린다. 또한 사진 제공에 협력해 주신 미국의 포유동물학회(Mammal Slide Library, American Society of Mammalogists), 일본 구주대학(九州大學)의 우찌다 테루아끼(內田照章) 명예 교수님, 구주치과대학의 아라이 슈우세이(荒井秋晴) 박사님, 국제호소환경위원회 사무국의 안도 모토카즈(安藤元一) 박사님, 일본의 오비히로축산대학의 야나가와 히사시(柳川久) 박사님, 북구주시립자연사박물관의 바바 미노루(馬場 稔) 박사님, 대판시립대학의 하라다 마사시(原田正史) 박사님과 경남대학교 손성원 교수님께 사의를 표한다. 끝으로 원고 정리를 도와 주신 경성대학교 이천복 교수님께 깊은 감사를 드린다.

# 포유류란 무엇인가

사람은 지구상에 있는 약 1,000만 종에 달하는 동물 가운데 하나이며 4,000여 종의 포유류 가운데 한 종으로 분류되고 있다. 그렇다면 포유류는 어떤 동물인가?

첫째, 포유류는 체온을 따뜻하게 그리고 일정하게 유지하고 있는 항온(온혈) 동물이다.

둘째, 포유류는 대부분 털을 가지고 있다. 털은 피부 조직의 변형된 상태이며, 모양이나 색채에 따라 그 동물의 특징이 나타나기도 한다. 그러나 종류에 따라서는 털 대신에 비늘, 가시, 강모를 가지기도 하며 털이 없는 것도 있다. 또한 이들은 손톱이나 갈고리 발톱, 발굽 등을 가지고 있다.

셋째, 포유류는 가장 하등한 포유류인 단공류를 제외하고는 모두 새끼를 낳으며, 새끼들은 어미의 유선(乳腺)에서 나오는 젖을 먹고 자란다. 포유류라는 생물학적인 이름이 붙여진 것은 이 때문이다. 유선은 특별한 형태의 피부선(腺)으로, 이것은 포유류에서 볼 수 있는 또 다른 특징적인 구조이다. 피부선으로는 유선말고도 체온 유지에 필수적인 한선(땀샘), 교미 상대를 유혹하거나 적을 퇴치하는 데 사용되는 취선(臭腺) 등이 있다.

넷째, 포유류는 회백질(피질)이 잘 발달된 뇌를 가지고 있다. 포유류가 척추 동물 가운데 가장 완성된 체구와 고도로 발달된 지능을 가지며, 세계의 모든 지역에 진출하여 번성하고 있는 것은 이 때문이라 할 수 있다.

다섯째, 중요한 뇌를 감싸고 있는 두개골이 아래턱과 관절을 이루고 있고 또한 이빨이 있으므로 포유류는 다른 동물들과는 달리 음식을 씹을 수 있다. 이빨의 수와 형태는 동물의 그룹에 따라 다르므로 분류의 기준이 되고 있으며, 이빨의 수는 점차 줄어드는 경향을 보이고 있다. 또한 이빨은 앞니(문치), 송곳니(견치), 앞어금니(전구치), 어금니(구치) 등 네 가지로 분화되어 있는데, 종류에 따라서는 특수화된 형태의 송곳니와 어금니를 가지기도 한다.

여섯째, 포유류는 2심방 2심실로 이루어진 심장을 가지고 있다. 태양열을 이용하여 체온을 유지하는 동물과는 달리 대사 물질을 산화시켜 나오는 열로 체온을 유지하는 포유류의 경우, 대사 물질을 산화시키는 데 필요한 많은 양의 산소를 원활히 공급해 주는 것이 체온 유지에 필수적이다. 이렇게 심장이 완전히 4개의 방으로 나누어져 있으므로, 폐로부터 오는 산소가 풍부한 혈액과 온몸에서 돌아오는 산소가 부족한 혈액이 섞이는 것을 방지할 수 있고, 따라서 많은 양의 산소를 조직에 공급할 수 있다.

일곱째, 대부분의 포유류는 걷거나 뛰기에 알맞게 적응되어 있는 네 다리를 가지고 있다. 이들은 걷는 방식에 따라 발바닥 전체로 걷는 형, 발가락 끝으로 걷는 형, 그 중간형으로 나누어진다.


## 포유류의 관찰 및 조사 방법

자연 환경에서 포유류를 관찰하기는 조류를 관찰하기보다 훨씬 어렵다. 포유류의 수가 조류보다 적은 것도 그 이유 가운데의 하나이겠지

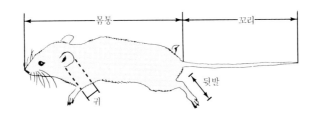

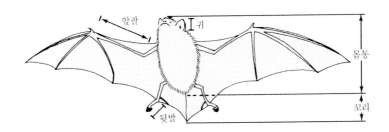

그림 1. 일반 소형 포유류와 박쥐류에 대한 측정 부위

만, 포유류의 활동 시간이 일반적으로 이른 아침과 밤이라는 점이 더 큰 이유이다. 그러므로 이들을 관찰하기 위해서는 동이 튼 이른 아침이나 달밤에 관찰하고자 하는 동물이 좋아하는 서식지 부근에 나가 보는 것이 필수 조건이다. 또한 포유류들은 대부분 후각 및 청각이 매우 발달해 있으므로 되도록 조용히 행동하여야 한다.

큰 동물을 발견했을 경우에는 무슨 종인지 쉽게 알 수 있지만, 작은 종류는 쉽게 알 수 없으므로 잡아서 가까이서 관찰하여야 한다. 식충류나 설치류의 경우, 쥐덫으로 잡아서 사육 상자에 넣으면 쉽게 관찰할 수 있다. 박쥐류의 경우는 서식지 주변에 그물을 쳐서 잡을 수 있고 또한 박쥐 탐지기를 사용하여 박쥐가 내는 초음파를 조사하면 날고 있는 박쥐가 무슨 종인지 알 수 있다. 왜냐하면 박쥐의 종류마다 초음파의 패턴이 다르기 때문이다.

땃쥐나 박쥐를 잡았을 경우, 무슨 종인지 정확히 알기 위해서는 이빨의 수와 배열 등을 조사해야 한다. 이때는 이들을 손으로 가만히 쥐고 핀셋 등으로 입을 벌려서 조그마한 볼록 렌즈를 사용하여 관찰하면 도움이 된다.

이빨의 수와 배열 상태는 치식(齒式)으로 나타내는데, 위턱과 아래턱의 한쪽 방향에 있는 각 이빨의 수를 표기한다. 이빨의 배열 순서는 앞니, 송곳니, 앞어금니, 어금니의 순이다.

예를 들어 치식이 $\dfrac{2 \cdot 1 \cdot 3 \cdot 3}{3 \cdot 1 \cdot 3 \cdot 3} = 38$인 경우는, 위턱의 한쪽 방향에 2개의 앞니, 1개의 송곳니, 각각 3개씩의 앞어금니와 어금니가 있고, 아래턱에는 3개의 앞니, 1개의 송곳니, 각각 3개씩의 앞어금니와 어금니가 있으며, 이빨의 총수는 모두 38개임을 나타낸다.

두개골의 형태도 포유류를 동정하는 데 매우 중요하지만, 이 책에서는 지면 관계상 외부 형태만으로는 동정하기 어려운 식충류와 박쥐류의 경우에만 두개골의 특징을 간단히 기재하였다.


# 포유류의 보호와 관리

지난 30여 년 동안의 급속한 경제 개발은 야생 동물에게 큰 영향을 미쳤다. 특히 포유류에게 있어 가장 큰 위협은 인간에 의한 사냥, 벌목 및 삼림 개간이었다.

사냥은 고대로부터 끊임없이 포유류를 위협해 왔으며, 총포류가 개발되고 독극물에 의한 사냥법이 개발됨에 따라 그 위협의 정도는 날로 더해만 갔다. 더욱이 벌목으로 인하여 삼림이 황폐화되고 벌목 또는 경작을 위하여 산에 길이 생기면서 인간이 숲에 접근하기 쉽게 됨에 따라 그 위협은 극에 달하게 되고, 금기야 야생 포유류들은 급격히 줄어들게 되었다. 특히, 대형 동물인 호랑이(국제 보호수)는 1922년 이래 자취를 감추었고(원, 1981년), 표범, 늑대, 승냥이, 여우, 곰도 거의 사라져 버렸다. 그뿐 아니라 대단히 많은 해충을 잡아먹음으로써 사람에게는 유익한 박쥐들도 그 수가 자꾸 줄어들고 있어 안타까운 실정이다. 박쥐들은 사람들이 만든 목조 건축물이나 폐광, 삼림 및 자연 동굴에서 서식하는데 건축 자재가 현대화되고, 폐광을 폐쇄하거나 삼림 또는 자연 동굴이 개발됨에 따라, 그들은 서식처를 점차 잃게 되었다. 더구나 한약재로 쓰이기 위하여 남획됨에 따라 그 수는 급격히 줄어들고 있다. 박쥐들이 법적으로 보호를 받고 있는 유럽의 여러 나라에서도 박쥐들의 수가 빠른 속도로 감소하고 있다고 하니 우리나라에서도 하루 빨리 대책을 세워야만 한다.

농업용 또는 그 밖의 목적을 위한 삼림 개간도, 삼림이 없으면 도저히 살아갈 수 없는 야생 포유류들에게는 매우 심각한 위협이 되고 있다. 인간의 입장에서 보면 삼림 개간은 인구의 증가와 더불어 발생하는 불가피한 일이라 할 수 있지만, 인간과 함께 생태계를 구성하고 있는 야생 포유류에게도 그들이 살아갈 수 있는 최소한의 공간은 주어져야만 한다. 곧 이들에게 최소한의 삼림 공간을 제공해야 하는데, 이를 위해서는 보다 많은 곳에 국립 공원과 같은 자연 보호 지역을 지정해야 한다. 또한 이미 지정되어 있는 자연 보호 지역에 대해서는 보호 및 관리가 철저히 수행되어야 최근에 가속화되고 있는 환경 오염으로부터 생태계를 보호할 수 있을 것이다.

다행인 것은 우리나라에는 전세계에서도 매우 드물게 생태계가 잘 보존되어 있는 비무장 지대가 존재한다. 이 지역은 현재 또는 미래의 종의 다양성 보존에 매우 큰 역할을 할 것으로 생각된다. 날로 통일의 분위기가 무르익는 이때에 자칫 보호 시기를 놓쳐 버리면, 통일이 됨과 동시에 이 지역의 급격한 생태계의 파괴가 예상된다. 따라서 하루 빨리 이 지역의 보호와 관리에 대한 대책이 수립되어야 할 것이다.

# 식충목(Order Insectivora)

우리나라의 포유류는 모두 유태반류에 속한다. 곧 모체 안에서 태아의 발생이 진행되는 동안 태반이 형성되며, 태반을 통해서 모체로부터 영양분이 공급되는 종류들이다.

식충류는 가장 원시적인 유태반류로 신체 구조상 많은 원시성을 보유하고 있다. 곧 작고 단순한 뇌와 28 내지 48개나 되는 많은 이빨을 가지고 있다. 또한 이들의 어금니는 오래 전 멸종된 원시적인 포유류의 어금니와 매우 유사하며, 걷는 방식은 포유류 가운데 진화 단계가 낮은 동물에서 보이는, 발바닥 전체로 걷는 방식을 택하고 있다.

이들은 비교적 작은 동물들로서 현존하는 포유류 가운데 가장 작은 동물인 사향땃쥐(*Suncus etruscus*, 체중 약 2그램)를 포함하며, 가장 큰 종류는 고양이 정도의 크기이다. 이들은 모두 네 다리에 각각 5개의 발가락을 가지고 있으며, 대개는 협골궁(頰骨弓)이 없는 긴 두개골을 가진다. 또한 이들은 쉬지 않고 움직이는 길고 뾰족한 코를 가지고 있는데, 코 끝에는 긴 촉모가 나 있어 눈 대신 주로 이것을 이용하여 방향을 잡고 먹이를 찾는다.

식충류에는 고슴도치, 땃쥐, 두더지 등 많은 종이 포함되어 있지만 좀처럼 사람의 눈에 띄지 않으므로 이들에 대한 지식은 아직 미비하며 얼마나 많은 종이 있는지도 확실치 않다. 현재 8과 63속에 속하는 300여 종이 호주, 남아메리카, 극지방을 제외한 전세계에 서식하고 있다고 알려져 있다. 이들의 서식 장소는 주로 땅 위 또는 땅속이지만, 반 수중 생활을 하며 먹이를 주로 물속에서 구하는 종류도 있다.

이처럼 이들이 각각 다른 유형의 환경에 적응하여 살 수 있는 것은 이들의 신체 구조의 다양한 분화에 기인한다. 예를 들어 지하 생활을 하는 두더지는 앞발이 땅을 파기 좋게 삽 모양으로 되어 있으며, 지상 생활을 하는 고슴도치는 털이 가시로 분화되어 있어 적으로부터 자신을 보호할 수 있고, 반 수중 생활을 하는 갯첨서의 경우에는 털이 매우 촘촘하게 나 있어 물에 잘 젖지 않으며, 꼬리는 납작하게 변형되어 헤엄칠 때 중심을 잡는 역할을 담당한다.

그들의 이름에서 알 수 있듯이, 식충류는 주로 곤충을 먹고 살지만 때에 따라서 다른 무척추 동물이나 소형의 척추 동물을 잡아먹는 경우도 있다. 이들은 몸이 작은 데 비해 많은 양의 먹이를 필요로 하며 소화 속도가 빨라, 땃쥐의 경우 먹은 지 3시간만 지나면 장은 비게 된다. 또한 1, 2시간분의 영양분만 몸에 축적할 수 있으므로 어쩔 수 없이 자주 먹어야 한다. 따라서 장기간의 단식은 견디지 못하고, 이러한 이유로 고슴도치와 같은 식충류들은 먹이가 적은 겨울에는 동면을 하게 된다. 이들은 동면 기간 동안 체온을 낮추어 대사 속도를 저하시킨다. 예를 들어 고슴도치의 체온은 보통 섭씨 33도이지만 동면할 때는 1.5도까지 떨어지며 심장의 박동수는 1분에 188회에서 21회로 감소한다.

한편 식충류 가운데 가장 많은 종류를 포함하는 땃쥐류는 추위에 매우 약해 겨울을 두 번 나는 일이 거의 없다. 우리나라에 서식하는 식충류로는 고슴도치과, 땃쥐과, 두더지과에 속하는 5속 13종 2아종이 알려져 있다.

# 고슴도치과(Family Erinaceidae)

이 과에는 고슴도치류가 속하는데 7속 15종이 아시아, 유럽 및 아메리카에 널리 분포하며 초원, 사막, 산림, 과수원 등에서 서식한다. 몸은 짧고 뚱뚱하며 눈과 귀가 잘 발달하였다. 주둥이는 약간 뾰족하며, 몸의 윗면과 옆면은 짧고 센 가시로, 나머지 부위는 털로 덮여 있으며 짧은 꼬리가 있다. 다리는 짧고 발가락은 5개이다. 머리뼈는 비교적 크고 앞 끝이 그리 뾰족하지 않으며, 협골궁은 매우 가늘고 고골(鼓骨)은 고리형이다.

우리나라에는 고슴도치속에 속하는 1종 1아종이 있다.

## 고슴도치속(Genus *Erinaceus*)

귓바퀴의 길이는 머리 길이의 2분의 1보다도 현저히 짧다. 몸 윗면과 옆면은 가시로 덮여 있으며, 몸 아랫면은 센 털로 덮여 있다. 가시에 있는 무늬는 회갈색 또는 흑갈색이며, 머리뼈는 넓고 코뼈(鼻骨)는 길다. 치식은 $\dfrac{3 \cdot 1 \cdot 3 \cdot 3}{2 \cdot 1 \cdot 3 \cdot 2} = 36$이다.

### 희시무르고슴도치(*Erinaceus europaeus amurensis*)

**측정치** 몸통 205 내지 250밀리미터, 꼬리 30 내지 33.5밀리미터, 귀 21 내지 24밀리미터, 뒷발 33 내지 38밀리미터.

**형태** 대형으로 한국산 식충류 가운데 가장 크다. 귓바퀴는 짧고 그 길이는 주위의 가시보다 길지 않다. 머리의 폭은 넓고 주둥이는 뾰족하며 발톱은 비교적 잘 발달하였다. 몸 윗면과 옆면은 환반침(環班針)과 전백침(全白針) 두 종류의 센 가시로 덮여 있는데, 갈색 바탕에 연한 갈색 무늬가 있고 끝이 흐린 백색인 환반침은 그 수가 많으며, 순백색인 전백침은 그 수가 적다. 개체에 따라서는 무늬가 없는 연한 황갈색의 가시를 가지기도 한다.

희시무르고슴도치(*Erinaceus europaeus amurensis*)

**생태**  남한 지방에는 그 수가 매우 적다. 삼림(森林)성으로 주로 활엽수림과 혼성림 주변에 서식하며, 낮에는 풀숲에 숨어 있다가 해가 진 뒤부터 활동한다. 주로 곤충과 그 유충을 잡아먹지만, 작은 쥐나 어린 새, 작은 뱀, 도마뱀, 개구리 등 작은 척추 동물도 잡아먹으며 나무 열매, 버섯, 오이, 포도 등 식물성 먹이도 먹는다. 적을 만나면 달아나지 않고 주둥이와 네 다리를 모아 밤송이같이 만든 뒤 움직이지 않는다. 11월부터 이듬해 3월까지 동면을 하며, 동면에서 깨어나면 낡은 가시가 빠지면서 새

가시가 돋아난다. 번식은 1년에 한 번, 7, 8월에 3 내지 7마리를 낳는데, 임신 기간은 약 35일이다.

**분포**  중국, 소련의 원동 연안, 블라디보스톡, 아무르 남부 지방, 우리나라 북부 지방 거의 전지역, 강원도 장전, 서울 한강 부근, 전남 목포.

### 고슴도치(*Erinaceus europaeus koreensis*)

**측정치**  몸통 108 내지 212밀리미터, 꼬리 17 내지 20밀리미터, 귀 20 내지 26밀리미터, 뒷발 37 내지 38밀리미터.

**형태**  희시무르고슴도치와 비슷하지만, 몸이 작고 머리의 색이 현저하게 어둡다. 몸 윗면은 암갈색의 환반침과 전백침으로 덮여 있으며 머리는 흑갈색이다. 어깨, 몸 옆면, 다리 및 꼬리는 갈색이고 몸 아랫면은 담갈색 이다.

**생태**  서식지, 먹이, 번식 시기 등은 희시무르고슴도치와 거의 비슷하 다. 활엽수가 우거진 지역에 많이 서식하며, 화본과나 사초과 식물의 마른 잎과 바위 이끼로 보금자리를 둥글게 만들고, 12월경 동면을 시작하여 3월 하순에 깨어난다. 번식은 1년에 한 번으로 6, 7월에 2 내지 4마리의 새끼를 낳는다.

**분포**  신의주 등 우리나라 북부, 서울, 광릉, 속리산, 지리산, 전남 월출 산, 충북 민주지산.

**비고**  콜베트(Corbet, 1978년)는 고슴도치를 희시무르고슴도치와 같은 아종으로 간주하고 있다.

# 땃쥐과(Family Soricidae)

이 과에는 뒤쥐, 땃쥐 등 20속 약 200여 종이 속해 있으며, 아프리카 의 열대 및 온대, 유럽, 아시아, 말레이 반도, 남·북미에 분포하고 있다. 이들의 외형은 쥐와 유사하지만 몸이 가늘고 목이 뚜렷하며, 주둥이가 가늘고 길며 뾰족한 것이 특징적이다. 또한 귓바퀴는 꽤 크며, 발은 가늘고 짧으며 긴 발가락은 5개이다. 발톱은 갈고리형으로 보통 작으며, 몸의 털은 부드럽고 빽빽하며 갈색 내지 흑갈색을 띤다. 꼬리는 짧은 털만으로 덮여 있거나 길고 센 털이 드물게 섞여 있기도 하다. 머리뼈는 가늘고 길며 협골궁과 고포(鼓包)는 없고 고골은 고리형이다. 위턱과 아래턱의 관절 부분은 2쌍이다. 위턱의 첫번째 앞니(제1문치)는 매우 크며 그 끝은 굽어 있고, 뒷부분에 단첨치형의 돌기가 있다. 그 밖의 앞니, 송곳니 및 아래턱과 위턱의 제4전구치(앞어금니)를 제외한 앞어금니는 보통 원추형의 단첨치(單尖齒)로 되어 있다. 위턱 어금니의 치관은 W자형이다.

우리나라에는 3속 10종 1아종이 서식하고 있다.


## 뒤쥐속(Genus *Sorex*)

몸은 가늘고 작으며 네 다리는 짧다. 꼬리는 가늘고 길며 그 굵기가 일정하다. 꼬리의 길이는 몸통 길이의 2분의 1 또는 몸통 길이와 같다. 어린 새끼의 경우 꼬리에 같은 길이의 털들이 빽빽하게 나 있는 데 반해, 성체의 경우에는 털이 없고 거의 나출된 형태의 꼬리를 가지고 있다. 비경(鼻鏡)의 정중선에는 세로로 달리는 얕은 홈이 있다. 눈은 작고 귓바퀴는 짧아 끝부분만 털 밖으로 나온다. 두개골은 삼각형이고 측면에서 보면 거의 일직선이다.

치식은 $\dfrac{3 \cdot 1 \cdot 3 \cdot 3}{1 \cdot 1 \cdot 1 \cdot 3} = 32$이며 이빨 끝은 붉은색, 위턱의 단첨치는 5쌍이다. 제5단첨치는 붉지 않은 경우도 있다.


### 이시카와쇠뒤쥐(*Sorex minutissimus ishikawai*)
**측정치**  몸통 48 내지 49.5밀리미터, 꼬리 35 내지 36.5밀리미터, 귀 5.2 내지 6.0밀리미터, 뒷발 9.5 내지 10.0밀리미터.

**형태**  한국산 뒤쥐 가운데 가장 작다. 여름털의 경우 몸 윗면은 갈색이며 등 쪽과 옆면의 경계는 뚜렷치 않으나 옆면과 아랫면의 털은 연한 갈색이다. 꼬리도 두 가지 색상을 나타내는데 윗면은 암갈색, 아랫면은 백색을 띤다. 주둥이는 뾰족하며, 뇌함은 부풀지 않고 매우 편평하다. 이빨 끝의 붉은색은 연하며, 제1단첨치에서 제4단첨치의 끝부분은 일직선을 나타낸다. 제5단첨치는 가장 낮지만 옆에서도 보인다.

**생태**  개체수가 매우 적고, 생태에 대해서는 알려진 바 없다.

**분포**  설악산과 오대산에서 1982년, 1987년에 5개체가 잡힌 기록이 있을 뿐이다.

## 쇠뒤쥐(*Sorex gracillimus*)

**측정치**  몸통 42 내지 56밀리미터, 꼬리 36 내지 39밀리미터, 귀 5.2 내지 7.0밀리미터, 뒷발 6.5 내지 11.8밀리미터.

**형태**  털은 부드럽고 여름털의 경우, 몸 윗면은 밤갈색이며 옆면과 아랫면은 연한 밤갈색이지만 회백색을 띠기도 하며 윗면과의 경계는 명확치 않다. 꼬리에는 비교적 털이 많으며 꼬리 끝은 마치 보리 이삭처럼 생겼다. 어린 개체의 경우 몸 윗면은 암회갈색, 꼬리는 검은색을 띠며 앞발과 뒷발의 표면과 꼬리 끝은 백색이다. 주둥이는 뾰족하고 뇌함은 거의 원형이다. 위턱의 5개의 단첨치 가운데 제1, 2, 3단첨치는 크기와 높이가 거의 같고, 제5단첨치는 비교적 크다.

**생태**  개체수가 매우 적으며 한국산 쇠뒤쥐의 생태는 알려져 있지 않다.

**분포**  사할린, 아무르, 산다루섬, 시호다 산맥, 나호트카 부근, 우리나라 백두산 포태리, 삼지연, 지리산.

## 뒤쥐(*Sorex caecutiens caecutiens*)

**측정치**  몸통 44 내지 70밀리미터, 꼬리 30 내지 47밀리미터, 귀 4.0 내지 8.1밀리미터, 뒷발 9.3 내지 12밀리미터.

**형태**  몸 윗면은 다갈색, 아랫면은 회색에 약간의 밤색이 섞여 있다. 꼬리의 윗면은 몸 윗면의 색과 같고, 아랫면은 연한 회갈색이다. 뇌함은 둥글고 어금니의 저작면은 오목하며, 위턱의 단첨치는 뒤로 갈수록 작아져 제5단첨치는 거의 보이지 않는다.

**생태** 개체수가 적다. 야행성이지만 낮(8시에서 11시, 16시에서 17시)에 활동하는 것이 관찰되기도 한다. 활동성은 지역에 따라 다르나 우리나라 북부 지방의 경우 7월 중순에서 9월 말까지 가장 활발하다.

**분포** 우수리, 송화강과 흑룡강의 합류 지점, 송화강 등 구세계 일대, 우리나라 명양, 부전 고원, 장진 호반, 오가산, 관모봉, 백두산 등 북부 고지대, 지리산.

쇠뒤쥐(*Sorex gracillimus*)

긴발톱첨서(*Sorex unguiculatus*)*

**측정치**  몸통 57 내지 79밀리미터, 꼬리 30 내지 53밀리미터, 귀 6.3
내지 8.8밀리미터, 뒷발 12.8 내지 14.5밀리미터.

**형태**  몸이 비교적 크며, 앞발(9.5 내지 11밀리미터)과 발톱(2 내지 3.5
밀리미터 이상)이 길다. 몸 윗면의 색은 갈색 또는 밤갈색, 아랫면은
윗면보다 연한 색이다. 꼬리는 짧은 털로 덮여 있고, 꼬리의 윗면 및 아랫
면 끝부분의 색은 몸 윗면의 색과 같으나 꼬리 아랫면은 몸 아랫면의
색보다도 연하다. 머리뼈는 길며 위턱의 제1단첨치는 제2단첨치보다 훨씬
크다. 또한 제3단첨치는 제2단첨치보다 크거나 거의 같고 이후는 차차
작아진다.

**생태**  침엽수림과 그 주변 및 혼성림에 서식하나 그 수는 그리 많지 않으
며, 우리나라에서는 북한의 북부 고지대에서만 발견된다. 잘 발달된 앞발
로 땅속에 굴을 파기도 하며, 다른 뒤쥐류처럼 지표에서도 잘 활동한다.
먹이는 주로 곤충, 지렁이, 지네, 달팽이, 어린 개구리 등이다. 자연 상태에
서의 최장 수명은 18개월이며, 4월 중순에서 9월까지 임신한 개체를 볼
수 있고, 한 번에 3 내지 7마리의 새끼를 낳는다.

**분포**  소련의 캄차카, 오호츠크해, 연안, 쿠릴열도, 사할린, 중국 동북
지방, 우수리, 만주, 일본, 우리나라 북부 고지대, 함북 옹기군 굴포리,
함남 부전군.


큰첨서(*Sorex mirabilis kutscheruki*)

**측정치**  몸통 78 내지 92밀리미터, 꼬리 62 내지 83.5밀리미터, 귀 7
내지 9밀리미터, 뒷발 16 내지 18밀리미터.

**형태**  우리나라에 서식하는 뒤쥐 가운데 가장 크다. 몸에는 부드러운
털이 빽빽하고, 몸 윗면의 색은 흑갈색이며 아랫면의 색은 윗면보다 연하
다. 주둥이 주위에는 가늘고 짧은 수염과 긴 수염이 많다. 다른 뒤쥐들에
비해 크고 긴 머리뼈를 가지고 있으며, 위턱의 첫번째 앞니는 단첨치보다
매우 크고, 제3단첨치는 제4단첨치보다 훨씬 작다.

**생태** 개체수가 매우 적으며 주로 산림의 습지나 초습지에서 산다. 주로 개미와 풍뎅이를 잡아먹으며 다른 뒤쥐류와 쥐들도 잡아먹는 것 같다.

**분포** 중국 동북부, 소련의 원동 지역, 우리나라(자강도 오가산, 함북 웅기군, 부전군, 지리산).


## 갯첨서속(Genus *Neomys*)

땃쥐과 가운데 중간 정도의 크기를 가진, 물에서도 살 수 있게 적응된 종류이다. 몸의 털은 매우 촘촘하여 물이 스며들지 않으며, 뒷발 옆이나 발가락 양쪽에 센 털이 촘촘히 나 있어 헤엄치기에 알맞으며, 꼬리는 옆으로 납작하게 변형되어 있어 헤엄칠 때 키와 같은 역할을 한다. 귓바퀴는 털 속에 거의 완전히 감추어져 있을 정도로 매우 작다.

이빨 수는 뒤쥐보다 적고, 치식은 $\dfrac{3 \cdot 1 \cdot 2 \cdot 3}{2 \cdot 0 \cdot 1 \cdot 3}=30$이며 첫번째 앞니는 두번째보다 4, 5배나 크다. 이빨 끝은 적갈색이며 위턱의 단첨치는 4개씩이다.


### 갯첨서(*Neomys fodiens orientalis*)*

**측정치** 몸통 70 내지 81밀리미터, 꼬리 54 내지 62밀리미터, 귀 3.5 내지 7밀리미터, 뒷발 11 내지 11.8밀리미터.

**형태** 주둥이가 길다. 몸 윗면은 갈색을 띤 흑색이며, 몸 아랫면은 갈색 또는 오렌지색을 띤 백색이다. 눈 뒤에 백색 반점이 있는 경우도 있으며, 드물게 앞목에 오렌지색의 넓은 무늬가 있는 경우도 있다. 주둥이의 좌우에는 회고 짧은 수염이 많이 나 있고 좌우 볼에는 긴 수염이 나 있다. 뇌함의 폭은 넓다.

**생태** 채집 기록이 극히 드물다. 주로 냇가, 강, 호수 주변에서 살며, 드물게는 강에서 멀리 떨어진 습기가 많은 산림 속에서도 산다. 쥐들이 버린 굴을 이용하기도 하며 직접 굴을 파기도 한다. 헤엄을 잘 치며 헤엄칠 때 털이 물에 젖지 않는다. 동면을 하지 않으며 물이 얼지 않는 저수지

갯첨서(*Neomys fodiens*)

주위 등에서 겨울을 난다. 보금자리는 굴속 또는 관목이나 초목 등의 뿌리 밑에 마른 풀 줄기나 잎을 이용하여 만든다. 먹이는 곤충, 연체 동물, 어린 개구리 등이며, 수면 위를 활주하면서 수서 곤충과 어린 물고기를 잡아먹기도 한다. 번식기는 6월 말에서 7월 중순까지이며 한 번에 4 내지 14 마리의 새끼를 낳는다.

**분포**  시베리아, 중국의 북부와 동북부, 우리나라 북부 지방(양강도 풍서군, 백암군, 삼지연, 북포태산, 함남 장진군, 부전군).

## 땃쥐속(Genus *Crocidura*)

몸은 가늘고 작으며, 네 다리는 짧지만 뒤쥐속보다는 튼튼하며 앞발은 길다. 꼬리는 끝부분으로 갈수록 가늘어지며 긴 털과 짧은 털이 섞여서 나 있다. 주둥이는 뒤쥐속보다 더욱 길고 뾰족하며, 비경의 정중선을 달리는 홈(從溝)은 매우 깊다. 눈은 작지만 확실하고 귓바퀴는 비교적 커서 절반 이상이 털 밖으로 드러나 있다. 털은 부드럽고 배 쪽에 측선이 뚜렷하다. 머리뼈는 뒤쥐류나 갯첨서류에 비해서 편평하고 안면부의 폭이 넓다.

치식은 $\dfrac{3 \cdot 1 \cdot 1 \cdot 3}{1 \cdot 1 \cdot 1 \cdot 3} = 28$이며, 이빨의 끝은 붉지 않고 백색이며, 위턱의 단첨치는 3쌍이다.

### 땃쥐(작은땃쥐: *Crocidura suaveolens shantungensis*)

**측정치**  몸통 56 내지 70밀리미터, 꼬리 36 내지 44밀리미터, 귀 7 내지 8밀리미터, 뒷발 11 내지 13밀리미터.

**형태**  꼬리는 비교적 짧고(몸통 길이에 대해 50 내지 67퍼센트) 거의 끝부분까지 긴 털이 나 있다. 몸 윗면은 짙은 초콜릿색이며 아랫면은 백색이다. 위턱의 제2, 3단첨치의 높이는 거의 같다. 두개골의 기저 전장은 17.8밀리미터 미만이다.

**생태**  우리나라에 서식하는 땃쥐 가운데 가장 흔한 우수리땃쥐 다음으로 그 수가 많다. 식성은 육식성으로 추측되고 있다.

**분포**  중국, 일본 대마도, 우리나라의 거의 전지역.

### 울도땃쥐(*Crocidura suaveolens utsuryoensis*)

**측정치**  몸통 45.5밀리미터, 꼬리 36.5밀리미터, 귀 6.5밀리미터, 뒷발 10.5밀리미터.

**형태**  땃쥐속 가운데 가장 작은 종이다. 땃쥐와 형태가 비슷하나 땃쥐에 비해 털색이 연해서 몸 윗면은 암연갈색, 몸 아랫면과 네 다리는 약간

땃쥐(*Crocidura suaveolens*)

담색을 띤다. 꼬리 끝은 보리 이삭처럼 되어 있다. 두개골의 기저 전장은 17.8밀리미터 미만이다.

**생태** 채집 기록이 매우 적고, 생태에 대해서도 알려진 바 없다.

**분포** 울릉도.

### 만포땃쥐(*crocidura russula sodyi*)*

**측정치** 몸통 65밀리미터, 꼬리 32밀리미터, 귀 8밀리미터, 뒷발 13밀리미터.

**형태** 수컷의 여름털은 우수리땃쥐의 털색과 같지만 몸 크기가 현저하게 작다. 몸 윗면은 대흑회색, 몸 아랫면은 회색이며 앞, 뒷발의 윗면은 흑갈색, 꼬리는 흑색이다. 꼬리의 강모는 중앙 부위부터 기부까지 나 있으나 땃쥐보다는 그 수가 적다. 두개골의 기저 전장은 20밀리미터 미만이다.

**생태** 알려진 바 없다.

**분포** 우리나라 함북 만포에서 1개체가 채집되어 있을 뿐이다.

### 제주땃쥐(*Crocidura dsinezumi quelpartis*)

**측정치** 몸통 68 내지 70밀리미터, 꼬리 44 내지 45밀리미터, 귀 8.5밀리미터, 뒷발 12 내지 12.5밀리미터.

**형태** 땃쥐속 가운데 비교적 몸이 크다. 일본산 아종 *Crocidura dsinezumi dsinezumi*과 크기가 비슷하지만 이빨이 더 강대하다. 겨울털의 경우 몸 윗면은 암갈색, 아랫면은 약간 연한 암갈색을 띤다. 꼬리에는 털이 많이 나 있으며 땃쥐처럼 긴 털이 많다. 두개골의 기저 전장은 17.8밀리미터 이상이다.

**생태** 채집 기록이 드물고 생태에 대해서도 알려진 바 없다.

**분포** 제주도 서귀포.

### 우수리땃쥐(*Crocidura lasiura lasiura*)

**측정치** 몸통 65 내지 100밀리미터, 꼬리 23 내지 44밀리미터, 귀 4 내지 9밀리미터, 뒷발 12 내지 16.5밀리미터.

**형태** 우리나라에 서식하는 땃쥐속 가운데 가장 대형으로, 몸통 길이가 평균 90밀리미터이다. 꼬리는 굵고 짧아 몸통 길이의 약 절반이며 짧은

제주땃쥐(*Crocidura dsinezumi*)

털이 빽빽하게 나 있고, 가늘고 긴 털도 있다. 몸 윗면은 대흑회색(여름털) 또는 대흑갈색(겨울털)이며 아랫면은 연한 암회색이나 그 경계는 뚜렷하지 않다. 꼬리는 위와 아랫면이 같은 색인데, 아랫면의 끝이 흐린 백색을 띠는 개체도 있다. 두개골의 기저 전장은 21밀리미터 이상이다.

**생태** 우리나라에 서식하는 땃쥐류 가운데 가장 흔한 종으로, 혼성림 주변의 황무지나 옥수수 밭과 같은 경작지 주변의 밭둑 또는 집 주변에서 산다. 주로 무척추 동물을 잡아먹으나 개구리도 잡아먹는다.

**분포** 중국 동북 지방, 우수리강, 송화강 하류, 만주, 우리나라 전지역.


# 두더지과(Family Talpidae)

이 과에는 두더지 종류가 속하는데, 12속에 속하는 약 20종이 구세계와 신세계의 북부 온대 지방에 서식하고 있다. 몸은 원통형이며 꼬리가 매우 짧다. 눈은 매우 작고 때때로 피막으로 덮여 있다. 주둥이는 원통형으로 길고 밑으로 향하였으며 귓바퀴는 없다. 지중 생활을 하므로 앞다리가 매우 크고 밖으로 향하였으며 그 폭이 넓다. 발톱은 크고 갈고리형이다. 머리뼈는 가늘고 길며, 협골궁은 가늘지만 완전하다. 고골은 고포를 형성한다. 위와 아래턱의 관절은 1쌍뿐이며 위턱의 어금니 돌기는 W자형이다. 우리나라에는 두더지속에 속하는 2종이 서식하고 있다.

## 두더지속(Genus *Talpa*)

콜베트(Corbet, 1978년)는 한국산 두더지류를 *Talpa* 속에 포함시키고 있으나, 이마이즈미(今泉, 1970년)와 호나키 등(Honacki 등, 1982년)은 *Mogera* 속에 포함시키고 있으며, 워커(Walker, 1975년)는 *Mogera*를 *Talpa*의 동의어로 간주하고 있다. 이 책에서는 콜베트에 따라 일단 *Talpa* 속으로 기록하지만, 좀더 상세한 분류학적 재검토가 요구된다.

치식은 $\dfrac{3 \cdot 1 \cdot 4 \cdot 3}{2 \cdot 1 \cdot 4 \cdot 3} = 42$이다.

## 큰두더지(*Talpa robusta robusta*)*

**측정치**  몸통 160 내지 181밀리미터, 꼬리 18 내지 34밀리미터, 뒷발 22.5 내지 24밀리미터.

**형태**  매우 크며, 두더지보다 붉은색이 많고 몸 윗면의 털은 황색을 띤 암회갈색으로 벨벳과 비슷하다. 턱 밑에 황금색 반점이 있고 꼬리에 털이 많고 백색 털도 섞여 있다.

**생태**  개체수가 적고 고산 지대에서만 서식한다. 주로 활엽수림, 초원, 농작물의 경작지 등 축축하고 식물이 풍부하며 곤충이 많은 지역에 즐겨 산다. 끝이 안 보일 정도의 매우 긴 굴을 파며, 곤충의 유충, 번데기, 지렁이, 달팽이, 개구리, 뱀, 작은 새와 쥐들을 잡아먹는다. 1년에 2번 출산하며, 임신 기간은 1개월, 한 번에 3 내지 5마리의 새끼를 낳는다. 겨울에는 깊은 굴속에서 사는데 겨울잠을 자지 않고 먹이는 다른 계절보다 더 많이 먹는다고 한다.

**분포**  블라디보스톡, 만주, 우리나라 북부 지방.


## 두더지(*Talpa wogura coreana*)

**측정치**  몸통 129 내지 154밀리미터, 꼬리 17 내지 21밀리미터, 뒷발 17 내지 22밀리미터.

**형태**  꼬리는 짧아 몸통 길이의 약 20퍼센트 정도이다. 몸 윗면은 개체에 따라 그 정도의 차이는 있으나 부드러운 털로 덮여 있다. 털색은 몸 윗면이 흑갈색이며 옆면으로 갈수록 연해져서 아랫면은 현저하게 연한 흑갈색을 나타낸다. 개체에 따라서는 세로줄이 있거나 명확하지 않은 오렌지색을 띠는 경우가 있다.

**생태**  매우 흔한 종류이다. 숲, 풀밭 특히 부식질이 많은 곳에서 살며, 돌밭이나 굳은 땅에서는 살지 않는다. 봄부터 여름까지 지표면에 흙을 쌓아올린 굴을 볼 수 있는데, 이는 지렁이나 곤충의 유충을 잡아먹기 위하여 판 것이다. 먹이는 지렁이, 굼벵이(풍뎅이 유충), 개미, 거미, 민달팽이, 기타 곤충과 그의 유충, 번데기 등이다. 4, 5월에 땅속 5 내지 15센티

두더쥐(*Talpa wogura coreana*)

미터 깊이에 보금자리를 만들고 2 내지 6마리(평균 4마리)의 새끼를
낳는다.

**분포**  우리나라 거의 전지역.

**비고**  콜베트(Corbet, 1978년)는 한국산 두더지의 학명을 *Talpa robusta
coreana*로 기록하고 있으나, 그의 분류 기준표(p.33 : 몸통 150밀리미터
미만, 기저 전장 36밀리미터 미만, 상악치열장 15.2밀리미터, 하악장 2
4밀리미터 미만)에 의하면 *Talpa wogura coreana*로 분류하는 것이 타당하
다고 본다.

# 박쥐목(익수목; Order Chiroptera)

　포유류 전체 종 가운데 4분의 1을 차지하고 있는 박쥐류는 18과 180속 약 1,000종으로 구성되어 있으며, 쥐목(설치목) 다음으로 그 수가 많다. 이들은 나무가 자라지 못하는 추운 지역과 대양의 섬들을 제외하고는 세계 전지역에 널리 분포되어 있다.

　박쥐류는 포유류 가운데에서 유일하게 날 수 있는 동물이다. 박쥐말고 날 수 있는 동물로는 날다람쥐, 하늘다람쥐, 청설모 등을 들 수 있지만, 이들은 진정한 의미에서 날 수 있다고 할 수는 없다. 이들은 단지 앞다리와 뒷다리 사이에 있는 피부 주름이나 활공막(滑空膜)을 이용하여 짧은 거리를 활강할 수 있을 뿐이다. 한편 박쥐류의 날개에는 앞다리와 길어진 손가락(앞발가락)들 사이사이에 비막(飛膜)이라고 불리는 얇은 피부가 펼쳐져 있다. 조류의 날개는 앞다리가 변화한 것으로 모든 손가락(앞발가락)이 앞팔에 붙어 있으므로 박쥐류의 날개와는 다르다고 할 수 있다.

　박쥐류의 몸통은 부드러운 털로 두껍게 덮여 있고, 얼굴에는 막으로 된 귓바퀴와 그 앞쪽 밑부분에 작은 피부 돌기인 판막(이주, 耳珠)이 있는데, 털의 색이나 귀와 이주의 형태는 종마다 특이해서 분류의 기준이 되고 있다. 박쥐류에 있어 귓바퀴가 크게 발달한 것은 매우 중요한 의미를 가진다. 이들의 가장 중요한 감각은 청각으로, 코 또는 입으로 초음파를 발사해서 이것의 메아리를 듣는데, 메아리가 돌아오는 데 걸리는 시간으로써 장애물이나 먹이의 위치를 알아낼 수 있다. 대부분의 박쥐들은 이렇게 초음파를 이용하여 곤충을 잡아먹지만, 눈이 매우 큰 열대산 과일박쥐는 과일을 주식으로 하며, 남아메리카산 흡혈박쥐는 큰 동물에 상처를 내어 피를 핥아먹기도 한다. 한국산 박쥐류는 모두 곤충을 주식으로 하며, 하루 저녁에 자기 체중의 3분의 1 정도의 곤충을 먹어치우는 해충 구제의 명수이다.

박쥐류의 또 한 가지 특징은 온혈 동물이면서 동면을 하는 것이다. 그들의 체온은 활동할 때는 섭씨 37도이지만, 동면을 할 때는 체온을 낮추어 주위 온도보다 1도 가량 높게 유지할 수 있다. 따라서 대사율이 낮아지고 에너지 소비가 억제되므로 동면 기간 동안 먹이를 섭취하지 않아도 된다. 이러한 에너지 절약은 박쥐류가 비슷한 크기의 다른 소형 포유류에 비해 오래 살 수 있는 한 가지 이유가 된다. 예를 들어 땃쥐나 들쥐들은 추위에 약해서 겨울을 두 번 나지 못하는데 박쥐류의 수명은 12년 내지 20년으로 알려져 있다. 또한 박쥐들은 이렇듯 장수할 수 있으므로 땃쥐나 들쥐 종류처럼 한 해에 여러 번, 많은 새끼를 낳을 필요가 없다. 따라서 박쥐들은 1년에 한 번, 평균 1, 2마리의 새끼를 낳는다. 한국산 박쥐의 경우 11월에 교미하여 곤충이 가장 많은 7, 8월에 출산한다.

한국산 박쥐류로는 관박쥐과, 애기박쥐과, 큰귀박쥐과에 속하는 10속 21종 4아종이 알려져 있다. 초저녁에 박쥐들이 날아가는 모습을 관찰할 수 있지만, 박쥐류의 경우 나는 모습만으로 종을 분류하기는 매우 어렵다. 따라서 정확한 분류를 위해서는 반드시 잡아서 상세히 관찰하여야 한다. 대부분의 종이 몇 가지 외부적인 특징만으로 쉽게 구별되지만, 정확한 분류를 위해서는 머리뼈나 이빨의 형태를 확인할 필요가 있다.

# 관박쥐과(Family Rhinolophidae)

관박쥐과는 구세계의 열대 및 온대 지방 곧 유럽의 영국 북부, 독일, 필리핀, 뉴기니아, 호주의 동북부 등에 분포하는 관박쥐속(*Rhinolophus*) 의 약 50종과 인도차이나에 서식하는 *Rhinomegalophus* 속의 1종으로 구성되어 있다.

얼굴에 3장의 비엽(鼻葉)을 가지는 것이 특징이다. 귓바퀴는 매우 크고 끝이 뾰족하며 날카롭다. 이주는 없지만 귓바퀴의 바깥쪽에 영주 (迎珠)를 가진다. 앞가슴이 잘 발달되어 있고 작은 눈은 비엽에 의해 감추어져 있어 잘 보이지 않는다. 날개는 폭이 넓고 길이가 짧은 광단형 (廣短型)이다.

뇌함은 크고 둥글며, 주둥이는 짧고 공모양으로 부풀어 있다. 위턱뼈 는 주둥이 끝보다 뚜렷하게 앞으로 나와 있다. 우리나라에는 관박쥐속에 속하는 1종 1아종이 알려져 있다.

## 관박쥐속(Genus *Rhinolophus*)

치식은 $\dfrac{1 \cdot 1 \cdot 2 \cdot 2}{2 \cdot 1 \cdot 3 \cdot 3} = 32$이다.

### 관박쥐(*Rhinolophus ferrumequinum korai*)

**측정치** 앞팔 51 내지 62밀리미터, 몸통 50 내지 65밀리미터, 꼬리 26 내지 37밀리미터, 귀 20 내지 27밀리미터, 뒷발 10 내지 15밀리미터.

**형태** 대형으로 앞팔은 50밀리미터 이상이다. 몸 윗면의 색은 암회갈 색, 아랫면은 회백색이며 어린 것일수록 색이 검다. 3장의 비엽 가운데 하비엽(下鼻葉)은 말굽형이다.

**생태** 흔한 종류이며 동굴성이다. 출산 때 포육 집단을 형성하지만 보통 은 집단을 형성치 않고 1개체씩 떨어져서 서식한다.

**분포** 우리나라 거의 전지역.

관박쥐(*Rhinolophus ferrumequinum korai*)　위는 새끼들이 모여 있는 포유 집단이고 그
아래는 관박쥐 성체가 동면하는 모습이다.

제주관박쥐(*Rhinolophus ferrumequinum quelpartis*)

**측정치**  앞팔 53 내지 54밀리미터, 몸통 54 내지 57밀리미터, 꼬리 31 내지 32밀리미터, 귀 23 내지 23.5밀리미터, 뒷발 12 내지 13.5밀리미터.

**형태**  관박쥐보다 소형이며 털색은 암홍갈색으로 약간 회색을 띤다.

**생태**  알려져 있지 않다.

**분포**  우리나라 제주도 금녕.


# 애기박쥐과(Family Vespertilionidae)

애기박쥐과는 박쥐류 가운데 가장 많은 38속 약 275종으로 이루어져 있다. 또한 가장 다양하게 가장 널리 분포되어 남극을 제외한 모든 대륙에 서식하고 있다.

얼굴에 비엽은 없으며 귓바퀴의 크기와 이주의 형태는 다양하다. 꼬리는 길며 꼬리막(미막, 퇴간막)으로 완전히 싸여 있지만, 가끔 꼬리뼈의 일부가 꼬리막의 밖으로 돌출되기도 한다. 날개는 폭이 넓고 길이가 짧은 광단형, 폭과 길이가 중간 정도인 중간형, 폭이 좁고 길이가 긴 협장형(狹長形)이 있다. 치식은 속에 따라 매우 다양하며, 턱이 짧아지고 이빨의 수가 감소하는 경향을 띤다. 우리나라에는 8속 20종 3아종이 알려져 있다.


### 윗수염박쥐속(Genus *Myotis*)

귓바퀴는 비교적 길며 끝이 삼각형이다. 이주는 가늘고 끝이 뭉툭하며 약간 앞쪽으로 경사져 있다. 날개의 형태는 중간형이다.

머리뼈를 옆에서 보면 경사도가 완만하며 주둥이의 폭은 좁다. 치식은 $\dfrac{2 \cdot 1 \cdot 2(3) \cdot 3}{3 \cdot 1 \cdot 2(3) \cdot 3} = 34$ 또는 38이다.

윗수염박쥐(*Myotis mystacinus gracilis*)

**측정치**  앞팔 34 내지 38밀리미터, 몸통 35 내지 46밀리미터, 꼬리 35 내지 45밀리미터, 귀 10 내지 15밀리미터, 뒷발 7.5 내지 9밀리미터.

**형태**  소형으로 뒷발이 작고 날개는 바깥쪽 발가락 기부에 붙어 있다. 이주는 짧고 귓바퀴 길이의 2분의 1 이하이다. 몸 윗면의 털은 황갈색, 아랫면은 회갈색을 띤다. 날개와 귓바퀴는 흑갈색이다.

**생태**  개체수는 많지 않으나 넓게 분포하고 있다. 겨울에는 동굴에서 채집되며 유럽산의 경우 여름에는 삼림에서, 겨울에는 동굴에서 서식한다.

**분포**  우수리, 블라디보스톡, 사할린, 바이칼 늪 부근, 우리나라 대부분의 전지역.

윗수염박쥐(*Myotis mystacinus*)

흰배윗수염박쥐(*Myotis nattereri bombinus*)

긴꼬리윗수염박쥐(*Myotis frater*)

## 작은윗수염박쥐(*Myotis ikonnikovi*)

**측정치** 앞팔 30 내지 32밀리미터, 몸통 37 내지 52밀리미터, 꼬리 30 내지 38밀리미터, 귀 11 내지 13.4밀리미터, 뒷발 7 내지 9밀리미터.

**형태** 윗수염박쥐와 비슷하지만 더 작다. 몸 윗면의 털색은 연한 갈색, 아랫면은 베이지색을 띤다.

**생태** 채집 기록이 매우 적다. 겨울에는 동굴에서 서식한다.

**분포** 우수리, 사할린, 우리나라 북부 및 중부, 대구.

## 긴꼬리윗수염박쥐(*Myotis frater frater*)

**측정치** 앞팔 38밀리미터, 몸통 51밀리미터, 꼬리 45밀리미터, 귀 11.5 밀리미터, 뒷발 9밀리미터.

**형태** 앞의 2종(윗수염박쥐와 작은윗수염박쥐)과 비슷하지만, 종아리 (약 20밀리미터)와 꼬리가 매우 길고 주둥이의 폭이 넓다. 몸 윗면의 털색은 암갈색, 아랫면은 상아색을 띤다.

**생태** 채집 기록이 극히 적다. 삼림성이며 생태에 대해서는 알려져 있지 않다.

**분포** 블라디보스톡, 중국 동남부, 남부 시베리아, 우리나라 북부 지방, 마산.

**비고** 한국산 긴꼬리윗수염박쥐는 *Myotis frater longicaudatus*로 불려 왔지만(岸田, 1927/岸田와 森, 1931년), 발린(Wallin, 1969년)에 의해서 *Myotis frater frater*의 동의어로 보고된 바 있다. 필자도 이 견해에 동의하는 바이다.

## 흰배윗수염박쥐(*Myotis nattereri bombinus*)

**측정치** 앞팔 37 내지 42밀리미터, 몸통 37 내지 48밀리미터, 꼬리 34 내지 54밀리미터, 귀 14.5 내지 18밀리미터, 뒷발 8 내지 11밀리미터.

**형태** 귓바퀴와 이주가 매우 길며, 이주는 귓바퀴 길이의 2분의 1 이상을 차지한다. 꼬리막 가장자리에 가는 털이 열을 지어 나 있는 것이 특징이다. 날개는 바깥쪽 발가락 기부에 붙어 있고, 몸 윗면의 털색은 검은 황갈색, 아랫면은 상아색을 띤다.

**생태** 흔하지 않은 종류이며 동굴성으로 겨울이 되면 대집단을 형성한다.

**분포** 일본, 우리나라 거의 전지역.

**비고** 한국산 흰배윗수염박쥐의 학명은 최근까지 *Myotis nattereri amurensis* 로 알려져 있었으나 *Myotis nattereri bombinus*의 동의어임이 밝혀졌다 (Yoon, 1990년).


### 오렌지윗수염박쥐(붉은박쥐; *Myotis formosus tsuensis*)

**측정치** 앞팔 43 내지 52밀리미터, 몸통 43 내지 57밀리미터, 꼬리 36 내지 56밀리미터, 귀 13 내지 19밀리미터, 뒷발 9 내지 14밀리미터.

**형태** 중형이며, 몸의 털과 귓바퀴의 색은 오렌지색이며, 귓바퀴의 가장자리는 검은색으로 둘러져 있다. 뒷발은 작고 날개는 바깥쪽 발가락 기부에 붙어 있다.

**생태** 매우 희귀한 종류이다. 여름에는 삼림에서 지내므로 잎이 무성한 나뭇가지에 1 내지 10개체가 거꾸로 매달려 휴식하고 있는 것을 볼 수 있고, 겨울에는 습도가 높은 동굴에서 동면한다.

**분포** 일본 대마도, 우리나라 통영, 김제, 공주, 함안, 남해, 광산, 해남, 평북 운전군, 황해도 삼천군, 개성, 평남 순천군.


### 물윗수염박쥐(*Myotis daubentonii ussuriensis*)

**측정치** 앞팔 37 내지 42밀리미터, 몸통 40 내지 50밀리미터, 꼬리 32 내지 40밀리미터, 귀 9 내지 16밀리미터, 뒷발 10 내지 12밀리미터.

**형태** 뒷발이 매우 크며, 날개는 바깥쪽 발가락보다 밑부분(중족골 중앙)에 부착하는 점이 특징이다. 몸 윗면은 담갈색, 아랫면은 회흑갈색이다.

**생태** 흔하지 않은 종류이다. 동굴성으로 여름과 겨울 모두 동굴에서 채집된다. 그러나 유럽산의 경우 여름에는 삼림의 나무 구멍이나 집에도 들어가 서식한다.

오렌지윗수염박쥐(붉은박쥐; *Myotis formosus tsuensis*)

물윗수염박쥐(우수리박쥐; *Myotis daubentonii*)

큰발윗수염박쥐(*Myotis macrodactylus*)

**분포** 시베리아, 사할린, 캄차카, 트랜스바이칼리아, 일본 북해도, 우리나라 거의 전지역.

**큰발윗수염박쥐(*Myotis macrodactylus*)**
**측정치** 앞팔 37 내지 42밀리미터, 몸통 41 내지 48밀리미터, 꼬리 31 내지 49밀리미터, 귀 12 내지 15밀리미터, 뒷발 9 내지 13밀리미터.
**형태** 물윗수염박쥐와 거의 비슷하지만, 몸 윗면의 색이 더 검어 암회갈색이며, 날개의 부착 부위가 종아리 밑부분(발목에서 종아리 길이의 4분의 1 지점)인 점에서 물윗수염박쥐와 쉽게 구별된다.
**생태** 흔한 종류이며 동굴성이다.
**분포** 동부 시베리아, 일본 전지역, 우리나라 거의 전지역.

## 토끼박쥐속(Genus *Plecotus*)

몸의 크기는 중간 정도이며, 장타원형의 귓바퀴는 매우 길어서 몸통 길이와 거의 같고, 이주도 길어서 귓바퀴 길이의 2분의 1에 달한다. 좌우 귓바퀴의 밑부분은 앞머리 부분에서 서로 연결된다. 콧구멍은 길고 콤마(,)형이다. 날개는 광단형이며 뒷발의 바깥쪽 발가락 기부에 붙어 있다. 꼬리는 길고 꼬리뼈는 꼬리막 밖으로 1, 2밀리미터 돌출되어 있다. 주둥이는 짧고 좁지만 뇌함부는 크고 돔(dome)형이며 그 두께가 얇다. 고포가 매우 크다.

치식은 $\dfrac{2 \cdot 1 \cdot 2 \cdot 3}{3 \cdot 1 \cdot 3 \cdot 3} = 36$이다.

### 검은토끼박쥐(*Plecotus auritus ognevi*)[*]

**측정치** 앞팔 39 내지 42밀리미터, 몸통 42 내지 52밀리미터, 꼬리 40 내지 50밀리미터, 귀 33 내지 37밀리미터, 뒷발 12 내지 13밀리미터.

**형태** 귓바퀴 안쪽에 횡주름이 많고, 체모는 가늘고 부드러우며 몸 윗면의 털색은 거무스레한 황갈색, 아랫면은 윗면보다 선명한 색상이다. 귓바퀴와 날개는 갈색을 띤 흑회색이다.

**생태** 매우 드문 종류이며 생태에 대해서도 알려진 바 없다. 일본산 토끼박쥐의 경우는 한대계이며 삼림성으로 드물지 않다. 겨울에는 동면을 하는 경우가 많고 집단을 형성하지 않지만, 여름에는 작은 집단을 형성하며 삼림 가운데 나무 구멍이나 인가에서 발견된 적이 있다. 한편 유럽산의 경우 나무 구멍 또는 낡은 건물 안에서 단독으로 동면한다. 잘 때 긴 귀를 팔 밑으로 접지만 이주는 세운 채로 잔다. 성질은 매우 사나워서 같은 종끼리 싸우기도 하고 다른 종류를 공격하기도 한다.

**분포** 우수리, 아무르, 트랜스바이칼리아, 만주, 하얼빈, 사할린 등이며 우리나라 북부 지방에서는 키시다와 모리(岸田와 森, 1931년)에 의한 분포 기록이 있을 뿐이다. 울릉도에서 1966년에 1마리 잡힌 적이 있지만 검은토끼박쥐인지 참긴귀박쥐인지 분명치 않다.

검은토끼박쥐(*Plecotus auritus*)의 소수 집단(왼쪽)과 얼굴 모습(아래)

### 참긴귀박쥐(*Plecotus auritus uenoi*)

**측정치**  앞팔 42밀리미터, 몸통 45 내지 48밀리미터, 꼬리 41 내지 46밀리미터, 귀 33 내지 34밀리미터, 뒷발 8 내지 9밀리미터.

**형태**  검은토끼박쥐와 유사하지만 콧구멍이 좁고 길다.

**생태**  매우 드문 종류이며 생태에 대해서는 알려진 바 없다.

**분포**  우리나라 강원도 인제.

### 집박쥐속(Genus *Pipistrellus*)

윗수염박쥐류와 비슷하지만 귓바퀴의 폭이 넓고 길이가 짧은 점, 이주도 짧아 길이는 최대폭의 약 2배이며 끝이 뭉툭하고 약간 안쪽으로 구부러져 있는 점, 날개가 비교적 좁고 긴 점에서 다르다. 또한 주둥이의 폭은 넓고 양쪽에는 움푹 패인 홈이 없다. 머리뼈를 옆에서 보면 거의 일직선이다.

치식은 $\dfrac{2 \cdot 1 \cdot 2(1) \cdot 3}{3 \cdot 1 \cdot 2 \cdot 3}$ =34 또는 32이며, 위턱의 앞어금니는 보통 2쌍이지만 1쌍 있는 개체도 있다.

### 집박쥐(*Pipistrellus abramus*)

**측정치**  앞팔 32 내지 36밀리미터, 몸통 36 내지 48밀리미터, 꼬리 29 내지 40밀리미터, 귀 8 내지 12밀리미터, 뒷발 6 내지 9밀리미터.

집박쥐(*Pipistrellus abramus*)

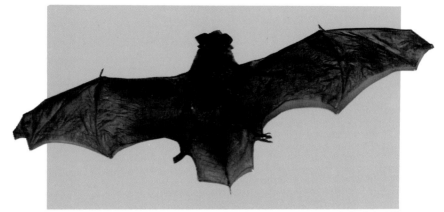

큰집박쥐(*Pipistrellus coreensis*)의 박제 표본

**형태**   소형으로 몸 윗면의 털색은 갈색, 아랫면은 베이지색이며, 날개와 귓바퀴는 연한 갈색이다. 귓바퀴는 얇고 꼬리뼈는 꼬리막 밖으로 거의 돌출되지 않았다. 음경골이 잘 발달되어 그 길이가 약 11밀리미터이다.
**생태**   흔한 종류이지만 감소 추세에 있으며 가옥, 창고 등에서 서식한다.
**분포**   남부 우수리, 동부 시베리아, 타이완, 일본 전지역, 우리나라 전지역.

### 큰집박쥐(*Pipistrellus coreensis*)
**측정치**   앞발 34 내지 39밀리미터, 몸통 40 내지 60밀리미터, 꼬리 32 내지 42밀리미터, 귀 11 내지 14밀리미터, 뒷발 7 내지 10밀리미터.
**형태**   중형으로 몸 윗면의 털색은 엷은 흑갈색, 아랫면은 회흑색이다. 귓바퀴는 두껍고 날개와 함께 흑갈색을 띤다. 꼬리뼈는 꼬리막 밖으로 2 내지 5밀리미터 정도 돌출되어 있다. 음경골은 작아 약 2.9밀리미터이며 곤봉형이다.
**생태**   흔하지 않은 종류이다. 동면 기간 동안 동굴에서 관찰되지만 여름 서식지는 알려져 있지 않다.
**분포**   일본 대마도, 우리나라 대구, 통영, 삼척, 영덕, 공주, 함양, 승주 등.

## 멧박쥐속(Genus *Nyctalus*)

중형 또는 대형이며, 날개가 매우 좁고 긴 것이 특징이다. 곧 다섯째 손가락은 매우 짧고 셋째 손가락은 길어 날개가 협장형을 나타낸다. 머리는 편평하고 귓바퀴는 짧고 둥글며, 이주도 짧고 버섯 모양이다.

머리뼈는 튼튼하고 폭이 넓으며 측면에서 보면 거의 일직선이다. 위턱의 두번째 어금니에 하이포콘(hypocone)이라는 작은 돌기가 있다. 치식은 $\dfrac{2 \cdot 1 \cdot 2 \cdot 3}{3 \cdot 1 \cdot 2 \cdot 3} = 34$이다.

### 멧박쥐(*Nyctalus lasiopterus aviator*)

**측정치** 앞팔 58 내지 64밀리미터, 몸통 82 내지 106밀리미터, 꼬리 45 내지 62밀리미터, 귀 16 내지 22.5밀리미터, 뒷발 12.5 내지 17밀리미터.

멧박쥐(*Nyctalus lasiopterus aviator*)

**형태** 대형이며 몸의 털은 밤색 내지 황갈색으로 털의 끝과 기부의 색상이 같고, 몸 윗면과 아랫면의 색상도 큰 차이가 없다. 날개는 발꿈치 부근에 붙어 있다. 꼬리 끝은 꼬리막 밖으로 2밀리미터 정도 나와 있다.

**생태** 채집 기록이 극히 적다. 고목의 빈 구멍, 낡은 집의 지붕 밑이나 큰 돌담 사이에서 군서 생활을 하며, 높은 하늘을 고속으로 비행하므로 칼새로 오인받는 수가 있다. 출산 시기는 평남 지방의 경우 6월 상순에서 7월 상순까지이다. 보통 1년에 한 번, 2마리의 새끼를 낳는다. 7월 하순경에 어린 새끼의 나는 모습이 관찰된 바 있다.

**분포** 만주, 일본의 거의 전지역, 우리나라 서울, 부산 동래, 설악산.

## 애기박쥐속(Genus *Vespertilio*)

등 쪽 털은 희끗희끗하여 마치 서리가 내린 듯하다. 귓바퀴는 둥글고 짧으며, 이주도 버섯형으로 짧고 그 길이는 최대폭과 같다. 날개는 협장형이다. 머리뼈는 짧고 편평하며 주둥이의 폭은 넓고 윗면의 양측에 깊은 홈이 있다. 치식은 $\dfrac{2 \cdot 1 \cdot 1 \cdot 3}{3 \cdot 1 \cdot 2 \cdot 3}$ =32로서 위턱의 앞어금니는 1쌍뿐이다.

### 북방애기박쥐(*Vespertilio murinus murinus*)*

**측정치** 앞팔 42밀리미터, 몸통 60 내지 63밀리미터, 꼬리 37 내지 38밀리미터, 귀 15 내지 18밀리미터, 뒷발 9 내지 9.5밀리미터.

**형태** 중형이며 귓바퀴의 끝이 둥글고, 이주는 짧아서 4밀리미터 안팎이며, 몸 윗면은 붉은색을 띤다. 경골성인 음경골은 하트형이며, 원뿔형의 연골성 위음경골이 음경골을 덮고 있다.

**생태** 채집 기록이 매우 적다. 나는 모습이 힘있다. 추위에 민감하므로 아주 추운 북쪽 지역에는 서식하지 않는다.

**분포** 유럽 북부 및 중부, 시베리아, 파키스탄, 만주, 중국, 인도, 우리나라 중북부.

북방애기박쥐(*Vespertilio murinus murinus*)

안주애기박쥐(*Vespertilio superans*)

**안주애기박쥐**(*Vespertilio superans*)

**측정치** 앞팔 46 내지 50밀리미터, 몸통 58 내지 68밀리미터, 꼬리 40 내지 49밀리미터, 귀 13 내지 15밀리미터, 뒷발 10 내지 11.5밀리미터.

**형태** 중, 대형으로 북방애기박쥐와는 달리 귓바퀴의 끝이 둥근 삼각형이고, 이주가 길며(약 7밀리미터), 몸 윗면은 거무스레한 갈색이다. 위음경골은 성장하면서 생기며, 생후 약 7개월에 완성된다.

**생태** 매우 드문 종류로 평남 안주에서는 6월경에 낡은 건물의 지붕 밑에서 암컷들의 무리가 발견된 적이 있다. 일본 대궤도(大机島)의 동굴에서는 여름에 암컷들이 모여 출산하며 포육 집단을 형성한다. 새끼들이 어느 정도 크면 모두들 이곳을 떠나는데 겨울의 동면 장소는 알려져 있지 않다.

**분포** 남만주, 북부 중국의 천진, 중부 중국의 호남성, 동부 중국, 남부 중국의 복건성, 일본, 우리나라 서울과 안주.

**비고** 이전에 동양애기박쥐(*Vespertilio orientalis*)가 알려져 있었으나, 필자 등(Yoon 등, 1990년)에 의하여 안주애기박쥐와 같은 종임이 밝혀졌다.

## 문둥이박쥐속(졸망박쥐속; Genus *Eptesicus*)

외형은 집박쥐속의 박쥐류와 유사하지만 주둥이가 더 넓고, 특수화된 선(腺)이 발달되어 있다. 또한 주둥이의 윗면은 편평하고 양쪽에 홈이 있다. 날개의 형태도 집박쥐속의 형태와 유사하다.

치식은 $\dfrac{2 \cdot 1 \cdot 1 \cdot 3}{3 \cdot 1 \cdot 2 \cdot 3} = 32$로 위턱의 앞어금니는 1쌍뿐이다.

**생박쥐**(작은졸망박쥐: *Eptesicus nilssonii parvus*)

**측정치** 앞팔 40.5 내지 51밀리미터, 몸통 49 내지 66밀리미터, 꼬리 32 내지 51밀리미터, 귀 12 내지 13.5밀리미터, 뒷발 11 내지 12밀리미터.

**형태** 중형으로 몸 윗면의 털색은 광택나는 암갈색이며, 털 끝이 황백색으

생박쥐(작은졸망박쥐: *Eptesicus nilssonii parvus*)

로 허옇게 보인다. 털은 꼬리막 윗면 3분의 1까지 덮여 있다. 몸 아랫면의
색상도 윗면과 거의 유사하나 광택은 없다. 귓바퀴와 날개는 흑갈색이
다. 귓바퀴는 넓고 두꺼우며, 날개는 비깥쪽 발기락의 중족골 선단부에
부착되어 있다.

**생태**  채집 기록이 매우 적다. 국민학교 건물 지붕 밑에서 수만의 개체가
번식하는 것이 발견된 적이 있으나 생태에 대해서는 알려진 바 없다.

**분포**  사할린, 일본 북해도, 우리나라 북부 지방, 함북 나남, 의정부, 대
전 등.

문둥이박쥐(*Eptesicus serotinus*)

고려박쥐(평남졸망박쥐; *Eptesicus serotinus pallens*)*

**측정치** 앞팔 49 내지 52밀리미터, 몸통 66 내지 88밀리미터, 꼬리 37 내지 56밀리미터, 귀 17 내지 20밀리미터, 뒷발 11.5 내지 14밀리미터.

**형태** 대형으로 이마, 머리 위, 목의 털은 담갈색의 양털 모양이지만, 몸 윗면은 약간 광택있는 황흑갈색이며, 아랫면은 보다 연한 색을 띤다. 귓바퀴와 날개는 흑갈색이다. 귓바퀴는 중간 정도의 크기로 안쪽에 횡주름이 있으며, 이주는 작고 둥글다. 날개는 바깥쪽 발가락의 중족골 부분에 부착되어 있다.

**생태** 북한에서는 흔한 종류이며, 건물의 지붕과 벽 틈에서 무리를 지어 산다. 6월 말에 출산하며 보통 2마리, 드물게 1마리를 낳기도 한다. 번식 시기에 암컷들은 큰 무리를 짓지만, 수컷들은 1마리씩 있거나 작은 무리를 짓는다.

**분포** 남만주 웅앙성, 중국의 청도, 천진, 감숙성, 섬서성, 우리나라 평양, 안주, 중북부.


문둥이박쥐(굵은가락졸망박쥐; *Eptesicus serotinus brachydigitus*)

**측정치** 앞팔 44 내지 49밀리미터, 몸통 60 내지 67밀리미터, 꼬리 44 내지 49밀리미터, 귀 15 내지 17밀리미터, 뒷발 12 내지 13밀리미터.

**형태** 고려박쥐와 비슷하지만 몸이 작고, 각 손가락이 짧으며 귓바퀴의 안쪽에 횡주름이 없고, 머리뼈의 폭이 현저하게 좁은 점에서 구별된다.

**생태** 매우 희귀한 종류이며 생태에 대해서는 알려진 바 없다.

**분포** 우리나라 평양, 대전, 인제.


고바야시박쥐(*Eptesicus kobayashii*)

**측정치** 앞팔 46 내지 47밀리미터, 몸통 60 내지 63밀리미터, 꼬리 46 내지 48밀리미터, 귀 17 내지 19밀리미터, 뒷발 10밀리미터.

**형태** 고려박쥐와 비슷하지만 몸이 작고, 앞팔이 짧고 귓바퀴가 작은 점에서 다르다. 또한 문둥이박쥐와는 셋째 손가락이 긴 점, 두개골의 폭이 넓은 점, 귀가 두껍고 횡주름이 있는 점에서 구별된다.

**생태** 매우 희귀한 종류이며 생태에 대해서는 알려진 바 없다.

**분포** 우리나라 개성, 평양, 서울.


## 관코박쥐속(Genus *Murina*)

콧구멍이 관 모양이고 좌우로 돌출되어 있다. 털은 양털 모양이며 부드러운데, 꼬리막의 윗면에도 긴 털이 나 있다. 귓바퀴는 달걀 모양이고 작은 과립이 흩어져 있다. 이주는 가늘고 길며 끝이 뾰족하다.

날개는 대단히 넓고 짧다. 머리뼈는 단단하며 주둥이 부분이 짧고 뇌함은 비교적 낮다. 머리뼈를 옆에서 보면 코에서 이마 부위까지 급경사이지만 그 뒤쪽은 완만하게 상승한다.

치식은 $\dfrac{2 \cdot 1 \cdot 2 \cdot 3}{3 \cdot 1 \cdot 2 \cdot 3} = 34$이다.


### 작은관코박쥐(*Murina aurata ussurensis*)[*]

**측정치** 앞팔 30 내지 32밀리미터, 몸통 42 내지 48밀리미터, 꼬리 28 내지 36밀리미터, 귀 13 내지 18밀리미터, 뒷발 8.5 내지 10밀리미터.

**형태** 소형으로 날개는 바깥쪽 발가락의 선단부 3분의 1 지점(발가락 길이의 3분의 1 지점)에 붙어 있다. 몸의 윗면은 약간 붉은색을 띠지만 아랫면은 거의 백색이다.

**생태** 조사한 자료가 없다. 분포 기록은 있으나 실제 서식하는지는 의문이다.

**분포** 만주, 사할린, 우수리 등이며, 우리나라에서는 키시다와 모리(岸田와 森, 1931년)에 의한 서식 기록이 있을 뿐이다.


### 금강산관코박쥐(*Murina leucogaster intermedia*)

**측정치** 앞팔 37 내지 44밀리미터, 몸통 42 내지 57밀리미터, 꼬리 36 내지 41밀리미터, 귀 17 내지 19밀리미터, 뒷발 10 내지 12밀리미터.

작은관코박쥐(*Murina aurata ussurensis*)

금강산관코박쥐(*Murina leucogaster*)

**형태**  중형이며 날개는 바깥쪽 발가락의 기부에 붙어 있다. 몸 윗면의 털은 회갈색이고 이주는 바깥쪽으로 굽어 있다.

**생태**  매우 드문 종류이다. 보통 1마리 내지 수마리가 동굴이나 폐광에서 발견되는데 겨울에는 비교적 동굴 입구에서 발견된다. 동굴 안에서 다수의 화석이 발견되는 것으로 보아 큰 집단을 형성하기도 하는 것 같으나, 아직 현생 박쥐가 큰 집단을 형성한다고 하는 보고는 없다.

**분포**  만주, 우수리, 사할린, 일본, 우리나라 금강산, 삼척 동굴, 인제, 영덕, 임실.

### 북관코박쥐(*Murina leucogaster ognevi*)*

**측정치**  앞팔 42.3밀리미터, 몸통 50밀리미터, 꼬리 40밀리미터, 귀 18.7밀리미터.

**형태**  금강산관코박쥐와 유사하지만 이주가 똑바르고, 몸 윗면의 색은 선대(鮮帶)황금황색이고 녹두색의 목도리를 가진다.

**생태**  알려져 있지 않다.

**분포**  블라디보스톡, 사할린 등이며, 우리나라 북부 지방에서는 키시다와 모리(岸田와 森, 1931년)에 의한 분포 기록이 있을 뿐이다.

## 긴날개박쥐속(Genus *Miniopterus*)

셋째 손가락의 제2지골이 특별히 길어 제1지골의 3배나 되는 것이 특징이다. 따라서 날개는 협장형으로 매우 좁고 길다. 어깨뼈와 위팔뼈 사이의 관절은 이중 관절로 되어 있다. 털은 벨벳과 같이 매우 부드럽고 짧다. 귓바퀴는 짧고 이주는 비교적 길다. 머리뼈의 주둥이 부분은 수평에 가깝고, 눈에서 이마까지는 급경사를 이루며 뇌함이 매우 높다.

치식은 $\dfrac{2 \cdot 1 \cdot 2 \cdot 3}{3 \cdot 1 \cdot 3 \cdot 3} = 36$이다.

긴날개박쥐(*Miniopterus schreibersii fuliginosus*)와
이들의 대집단

긴날개박쥐(*Miniopterus schreibersii fuliginosus*)

**측정치**　앞팔 41 내지 50밀리미터, 몸통 47 내지 57밀리미터, 꼬리 34
내지 51밀리미터, 귀 9 내지 13밀리미터, 뒷발 9 내지 14밀리미터.

**형태**　긴날개박쥐속의 설명과 같다.

**생태**　흔한 종류이지만 감소 추세에 있다. 동굴성으로 큰 집단을 이루어
군서 생활을 한다. 여름과 겨울을 같은 동굴에서 나기도 하지만 여름에는
이동하기도 한다. 분만 시기에는 암수 별거 생활을 한다. 제비와 비슷한
속도로 높은 곳을 비행하면서 먹이를 찾는다.

**분포**　인도, 실론, 버마, 일본 거의 전지역, 대만, 우리나라 공주, 함안,
제천, 통영, 철원, 강릉.


# 큰귀박쥐과(Family Molossidae)

12속에 속하는 약 80종이 동서 양반구의 열대로부터 온대 지방에
걸쳐 널리 분포한다. 꼬리는 꼬리막 밖으로 길게 돌출되어 있으며, 날개
는 매우 좁고 길어 협장형을 나타낸다. 어깨뼈와 위팔뼈 사이의 관절은
이중 관절로 되어 있다. 우리나라에는 큰귀박쥐속에 속하는 1종이 알려
져 있다.


## 큰귀박쥐속(Genus *Tadarida*)

치식은 $\dfrac{1 \cdot 1 \cdot 2 \cdot 3}{2(3) \cdot 1 \cdot 2 \cdot 3} = 30$ 또는 32이다.


큰귀박쥐(*Tadarida teniotis insignis*)

**측정치**　앞팔 58 내지 65밀리미터, 몸통 84 내지 94밀리미터, 꼬리 48
내지 56밀리미터, 귀 31 내지 34밀리미터, 뒷발 10 내지 14.5밀리미터.

**형태**　몸 윗면의 털색은 전반적으로 검은 갈색이지만 털의 기부는 백색이

큰귀박쥐속(*Tadarida* sp.)의 한 종

다. 몸 아랫면은 갈색, 가슴과 복부의 털 끝은 회색이다. 귓바퀴는 매우 크고 둥글며, 좌우가 머리 앞쪽에서 서로 연결되어 있다. 윗입술에는 약 일곱 조의 주름이 있다. 날개는 종아리 밑부분 3분의 1 정도의 부위에 붙어 있다.

**생태** 분포 기록은 있으나 서식하고 있지 않은 것 같다. 높은 하늘을 고속으로 비행하며, 지상에서는 꼬리막을 수축시켜 쥐처럼 긴 꼬리를 끌면서 빨리 달릴 수 있다.

**분포** 중국, 우수리, 일본 등이며 우리나라에서는 키시다와 모리(岸田와 森, 1931년)에 의한 분포 기록뿐이다.

# 토끼목(Order Lagomorpha)

　토끼류는 2과 10속으로 이루어져 있으며 거의 전세계에 분포하고 있다. 쥐 종류와 유사하여 한때 쥐목(설치목)에 포함된 적도 있었다. 그러나 쥐류가 1쌍의 앞니를 가지며, 음식을 씹을 때 아래턱을 앞뒤 방향으로 움직이는 데 비해서 토끼류는 2쌍의 앞니를 가지며 음식을 씹을 때 아래턱을 좌우로 움직인다는 점에서 차이가 난다. 행동면에서도 쥐류는 일반적으로 먹이를 앞발로 쥐는 데 비해 토끼류에서는 이런 행동이 보이지 않는다.

　토끼류는 길고 꼬인 충양돌기를 가지며, 소화되기 어려운 셀룰로오즈를 이곳에서 분해하여 배설한다. 이들의 배설물은 두 가지 유형으로 둥글고 마른 것과 부드러운 것이 있는데 토끼들은 이 부드러운 것을 다시 씹어 삼킨다. 이러한 행동은 체내에서 요구되는 비타민을 충족시키기 위한 수단으로 해석되고 있다. 곧 충양돌기에서는 장 세균의 도움으로 비타민 $B_1$이 합성되며, 부드러운 배설물에는 마른 배설물보다 5배 이상의 비타민이 함유되어 있다고 한다.

　토끼류에서 볼 수 있는 또 한 가지 특이한 현상으로 초임신(super foetation)을 들 수 있다. 이는 발생 단계가 다른 2마리의 태아가 자궁에 같이 존재하는 상태로, 이미 임신해 있는 암컷이 다시 교미를 해서 수정이 일어났음을 의미한다. 우리나라에는 우는토끼과와 토끼과에 속하는 2속 2종이 알려져 있다.

# 우는토끼과(Family Ochotonidae)

이 과에 우는토끼속(*Ochotona*)이 있을 뿐이며, 아시아에 12종, 북미에 2종이 서식하고 있다. 몸은 비교적 작고 귓바퀴도 짧다. 꼬리는 겉으로 보이지 않으며, 앞다리와 뒷다리는 매우 짧고 길이가 같다. 코뼈는 비교적 작고 머리뼈 길이의 40퍼센트 미만이다. 우리나라에는 우는토끼속에 속하는 1종이 서식하고 있다.

## 우는토끼속(Genus *Ochotona*)
앞발에는 5개의 발가락, 뒷발에는 4개의 발가락이 있으며, 발톱은 가늘고 구부러져 있어 땅을 파기에 적당하다.

치식은 $\dfrac{2 \cdot 0 \cdot 3 \cdot 2}{1 \cdot 0 \cdot 2 \cdot 3}$ =26이며, 위턱의 첫번째 앞니에는 홈이 있다.

### 우는토끼(*Ochotona alpina alpina*)*
**측정치** 몸통 110 내지 190밀리미터, 귀 15 내지 23밀리미터, 뒷발 23 내지 29밀리미터.

**형태** 소형으로 꼬리는 없고, 발 밑에는 털이 없고 육구가 드러나 있다. 몸 윗면의 털색은 여름엔 붉은 길색, 겨울엔 회색 또는 황토색을 띤 갈색이다. 몸 아래와 앞발과 뒷발의 윗면은 크림색을 띤 백색이다.

**생태** 북한 지방에는 흔한 종류이다. 주로 산악 지대의 돌이 많이 쌓인 돌 구멍 또는 원시림이 있는 곳에서는 지의류가 무성한 나무 밑에서 여러 마리가 무리를 지어 산다. 보통 해질 무렵부터 활동하지만 날씨가 흐린 날에는 낮에도 활동한다. 우는 소리는 호루라기 소리와 비슷하다. 먹이는

우는토끼(*Ochotona alpina*)

식물질로서 식물질의 푸른 부분과 이끼류를 먹는다. 1년에 두 번 번식하는 듯하며 한 번에 4, 5마리를 낳는다.

**분포** 알타이 산맥부터 트랜스바이칼리아, 사할린, 우리나라 북부 고산지대.

# 토끼과(Family Leporidae)

이 과는 9속 약 50종으로 구성되어 있으며, 마다가스카르섬과 오스트레일리아를 제외한 전세계에 분포되어 있다. 우는토끼과의 종류들과는 달리 짧지만 꼬리가 있고, 귀가 길고 크며 몸이 크고 코뼈도 커서 두개골 전체 길이의 40퍼센트 이상이다. 발가락은 4개씩이며, 발바닥에 털이 있어 육구(肉球)는 털에 덮여 잘 보이지 않는다. 우리나라에는 토끼속에 속하는 1종이 알려져 있다.

## 토끼속(Genus *Lepus*)

귓바퀴와 뒷다리가 매우 길고 눈이 크다.

치식은 $\dfrac{2 \cdot 0 \cdot 3 \cdot 3}{1 \cdot 0 \cdot 2 \cdot 3} = 28$이며, 위턱의 두번째 앞니는 아주 작다.

멧토끼(*Lepus sinensis*)

**멧토끼**(산토끼: *Lepus sinensis coreanus*)

**측정치**  몸통 420 내지 490밀리미터, 꼬리 50 내지 110밀리미터, 귀 70 내지 95밀리미터, 뒷발 105 내지 130밀리미터.

**형태**  겨울털은 일반적으로 길고 부드럽고 빽빽하게 나 있으나, 여름털은 거칠고 짧다. 털색은 일반적으로 회색을 띠며 허리와 꼬리 부분의 털 끝은 담회갈색이다. 중국산 멧토끼보다 크고 일본산에 비해 약간 작다.

**생태**  흔한 종류이지만 점차 감소되는 경향이다. 서식 장소는 주로 해발 500미터 이하의 야산이며 아침과 저녁에 활동한다. 1년에 2, 3회 정도로 한 번에 2 내지 4마리의 새끼를 낳는다. 먹이는 나무 껍질, 연한 가지, 풀 등이며 가을에는 콩밭의 콩을 먹기도 하므로 산림이나 농작물에 해가 조금 있다.

**분포**  우리나라 전지역.

# 쥐목(설치목; Order Rodentia)

　쥐목은 포유류 가운데 가장 큰 목(order)으로, 화석 8과를 포함해서 35과 351속으로 구성되어 있고 또한 종(species)수가 포유류 전체의 3분의 1을 차지할 뿐 아니라 개체수 또한 가장 많은 집단이다. 이들은 뉴질랜드와 남극을 제외한 전세계에 서식하고 있다. 그 크기는 일반적으로 작아 멧밭쥐(*Microtus minutus*)의 경우 15그램밖에 안 되지만, 카피바라(*Hydrochoerus hydrochoerus*)와 같이 50킬로그램이나 되는 종류도 있다. 또한 형태가 매우 다양하여 공중을 활강할 수 있는 피부 주름 또는 활공막을 가진 종류, 수중에서 살도록 적응된 종류, 먼 거리를 도약할 수 있도록 긴 뒷다리를 가진 종류, 긴 가시로 덮인 종류 등 형태적으로 특이하게 분화된 종류를 많이 포함하고 있다.

　그러나 이들의 머리뼈의 형태는 매우 유사하므로 다른 그룹의 종류들과 뚜렷이 구분된다. 한편 이빨의 수는 속(genus)과 과(family)에 따라 12 내지 22개로 다양하며, 송곳니는 없으며 1쌍의 변형된 앞니를 가진다. 앞니의 앞쪽 끝은 날카로워서 웬만큼 단단한 것은 다 자를 수가 있다. 이들의 이빨이 이렇게 날카로운 이유는 이빨 앞면이 에나멜질로 덮여 있는 데 비해 뒷부분은 연한 조직으로 되어 있기 때문이다. 곧 물건을 갉으면 갉을수록 앞부분에 비해서 뒷부분의 마모가 더 심하게 되므로 이빨 끝이 끌과 같이 매우 날카롭게 된다. 앞니와 어금니 사이에 송곳니가 없으므로 매우 넓은데 이곳을 치극이라고 한다.

쥐류 가운데 큰 종류들은 천적이 거의 없으므로 수명이 길고, 1년에 보통 1마리씩의 새끼를 낳는다. 그러나 작은 종류들은 1년에 여러 번, 많은 수의 새끼를 낳는다. 예를 들어 들쥐들의 암컷은 환경에 따라 한 번에 1 내지 13마리의 새끼를 낳으며, 더욱이 출산 즉시 재수정이 가능하여 번식 기간 동안에는 거의 3주마다 새끼를 낳는다. 번식기는 2월부터 10월까지 지속되며, 겨울에도 번식하는 경우가 있다. 또한 어린 새끼 가운데 암컷은 젖 떼기 전에 수태가 가능할 정도로 매우 빨리 성적으로 성숙한다. 이러한 과다한 번식력을 가진 쥐들은 지하에 수많은 터널을 만들고, 이빨이 닿는 대로 곡물, 야채, 산림을 파손시키므로 순식간에 광대한 지역을 황폐화시킬 수 있다.

그러나 다행히도 이들의 수명이 약 18개월 정도로 짧고, 추위에 약해 겨울의 추운 날씨를 견디지 못하고 죽어버리며, 정확한 이유는 알려져 있지 않으나 가끔 과다한 번식으로 인하여 집단 전체가 몰살되는 경우 등이 있으므로, 이들로 온 지구가 완전히 덮이는 일은 없을 것이다. 우리 나라에는 다람쥐과, 비단털쥐과, 쥐과, 뛰는쥐과에 속하는 14속 18종이 알려져 있다.


## 다람쥐과(Family Sciuridae)

이 과에는 청설모, 다람쥐, 날다람쥐, 하늘다람쥐 등이 속하며, 양극 지방, 마다가스카르섬, 뉴기니아, 오스트레일리아, 태평양의 여러 섬을 제외한 전세계에 50속에 속하는 다양한 종류가 서식하고 있다. 수상(樹上) 또는 지상 생활을 하며, 생활 환경에 따라 형태가 다르다. 수상 생활을 하는 종류에서는 꼬리가 둥글고 크며, 네 다리는 길고 앞다리와 뒷다리는 길이에 큰 차이가 없으며 귓바퀴가 크고, 머리뼈가 둥글고 불룩하다. 이에 비해서 지상 생활을 하는 종류에서는 꼬리가 짧고 작으며, 뒷다리는 앞다리보다 길고 귓바퀴는 작고 머리뼈는 작고 좁다. 앞발에는 4개, 뒷발에는 5개의 발가락이 있다.

우리나라에는 청설모속, 다람쥐속, 날다람쥐속, 하늘다람쥐속에 속하는 4종이 서식하고 있다.

### 청설모속(Genus *Sciurus*)

몸이 비교적 커서 몸통 길이가 200밀리미터 이상이다. 몸 윗면에는 줄무늬가 없고, 귓바퀴가 비교적 길며 겨울에는 귀 끝에 붓 모양의 긴 털이 난다. 사지는 비교적 길고 앞발의 발가락은 길다. 꼬리는 원통형으로 길다. 치식은 $\frac{1 \cdot 0 \cdot 2 \cdot 3}{1 \cdot 0 \cdot 1 \cdot 3} = 22$이다.

청설모(*Sciurus vulgaris*)

**청설모**(청서: *Sciurus vulgaris vulgaris*)

**측정치**  몸통 203 내지 259밀리미터, 꼬리 123 내지 220밀리미터, 귀 27 내지 35밀리미터, 뒷발 56 내지 70밀리미터.

**형태**  보통 크기의 설치류이다. 몸은 가늘고 길며 꼬리 길이는 몸통 길이의 2분의 1 이상이다. 몸 윗면의 털색은 회갈색, 아랫면은 백색이며 꼬리의 기부는 몸 윗면의 색깔과 같으나 끝으로 갈수록 흑색이며 아랫면은 암회색이다. 네 다리의 등면은 흑갈색, 귓바퀴는 흑회색, 귀 끝의 털은 흑색이다. 그러나 털색은 개체에 따라 차이가 있다.

**생태**  흔한 종류이다. 잣나무, 가래나무, 가문비나무, 상수리나무, 밤나무 등의 종자, 낙화생 등 여러 종류의 과실, 나뭇잎, 나무 껍질 등을 잘 먹으며, 야생 조류의 알이나 도토리, 밤, 잣 등 단단한 열매를 바위 구멍이나 땅속에 저장해 둔다. 버섯은 나뭇가지에 꿰어 말려 놓기도 한다. 보금자리는 10 내지 15미터 높이의 큰 나무 줄기 또는 나뭇가지들 사이에 마른 나뭇가지로 만들며, 출입구는 남향, 남동향 또는 동향이다.

교미는 1월 상순에 시작되는데 일 주야에 5 내지 8회의 교미 뒤 암수가 약 3주간 동거한다. 그 뒤 암컷은 수컷을 추방하고 바위 이끼, 짐승의 털 등 부드러운 재료를 보금자리 안으로 운반한다. 임신 기간은 약 35일로 5마리 정도의 새끼를 낳으며, 다음 교미 시기는 첫새끼를 낳은 뒤 약 1개월 곧 새끼들이 눈 뜨기 시작하는 시기이다. 분만 횟수는 연 2회이다.

**분포**  구세계 일대, 우랄, 알타이, 중앙 몽고, 만주, 사할린, 일본 북해도, 우리나라 거의 전지역.


### 다람쥐속(Genus *Tamias*)

청설모와 비슷하나 몸이 작고, 몸 윗면에는 다섯 줄의 검은 줄무늬가 있고, 귓바퀴는 짧고, 귓등의 바깥쪽 3분의 1은 백색이며, 겨울에도 귀 끝에는 털이 안 난다. 또한 사지가 짧고 꼬리는 편평하며, 빰 안쪽에 빰주머니가 있다. 치식은 $\frac{1 \cdot 0 \cdot 2 \cdot 3}{1 \cdot 0 \cdot 1 \cdot 3}=22$이다.

다람쥐(*Tamias sibiricus sibiricus*)

**측정치**  몸통 121 내지 198밀리미터, 꼬리 72 내지 132밀리미터, 귀 15 내지 20밀리미터, 뒷발 28 내지 52밀리미터.

**형태**  청설모보다 훨씬 작다. 납작한 꼬리는 몸통 길이보다 짧으며 긴 털로 덮여 있다. 뺨주머니가 잘 발달되어 먹이를 운반하기에 알맞고, 눈은 크고 흑색이며 짧은 귀에는 긴 털이 없다. 몸 윗면에 5줄의 암흑색 줄무늬가 있으며 중앙부의 무늬줄이 가장 길어 머리 위에서 꼬리 기부까지 달한다. 이마와 머리 윗부분은 갈색을 띤 육계색(肉桂色)이며, 코 끝부터 눈썹 위까지 그리고 뺨부터 귀 밑까지 백색 무늬줄이 있다. 발가락에는 제1앞발가락만 제외하고는 날카롭고 작은 발톱이 있다.

다람쥐(*Tamias sibiricus sibiricus*)

**생태** 우리나라에서는 산람이 있는 곳이면 어느 곳에서나 흔히 볼 수 있다. 낮에만 활동하는데 나무를 타고 올라가 먹이를 구하고, 밤에는 나무 구멍, 바위 구멍에서 쉰다. 겨울이 되면 땅속 굴이나, 바위 구멍(굴)에서 반 수면 상태로 겨울잠을 자는데, 굴속에 이끼와 나뭇잎으로 보금자리를 만들고 가까운 곳에 먹이 저장 창고를 한두 군데 만든다. 먹이로는 밤, 도토리, 낙화생, 잣, 참피나무, 북가시나무, 모밀잣나무, 개암나무 등의 종자 또는 옥수수, 호박, 외, 수박 등의 종자들로, 늦은 가을에 먹이 저장 창고에 저장하여 겨울 동안 먹는다. 3월 중순경 동면에서 깨어나 활동이 활발해지면 곧 교미를 시작한다. 임신 기간은 24, 25일이며 한 번에 4 내지 8마리의 새끼를 낳는다. 분만 횟수는 연 2회이다.

**분포** 중국 둥북 지방, 우수리, 바이칼, 길림성, 압록강으로부터 시베리아 동부에 이르는 지역, 흑룡강성, 우리나라 거의 전지역.


## 날다람쥐속(Genus *Petaurista*)

대형으로 비막이 앞발목부터 목과 뒷발목까지 그리고 종아리 밑부분부터 꼬리의 기부까지 뻗어 있다. 꼬리는 원통형이며 귓바퀴 뒷면에 붓과 같은 긴 털이 나 있다. 치식은 $\dfrac{1 \cdot 0 \cdot 2 \cdot 3}{1 \cdot 0 \cdot 1 \cdot 3} = 22$이다.


### 날다람쥐(*Petaurista leucogenys hintoni*)

**측정치** 몸통 475밀리미터, 꼬리 235밀리미터, 뒷발 59밀리미터.

**형태** 몸 윗면은 짙은 암갈색이며 꼬리의 색은 등보다 연하다. 몸 아랫면은 백색이지만 중앙부는 연한 포도색, 비막 주위는 포도적갈색을 띤다. 일본 규슈 날다람쥐(*Petaurisata leucogenys leucogenys*)에 비해서, 뒷발과 꼬리가 짧다.

**생태** 날다람쥐류의 생태는 하늘다람쥐류의 생태와 비슷하지만, 우리나라 아종에 대해서는 알려진 바 없다.

**분포** 우리나라에서는 채집 기록이 없고, 구로다와 모리(Kuroda와 Mori, 1923년)에 의해서 서울의 모피 상회에서 발견된 모피가 보고되어 있다.

일본 규슈 날다람쥐(*Petaurista leucogenys leucogenys*)

### 하늘다람쥐속(Genus *Pteromys*)

눈이 큰 야행성 동물로서 앞, 뒷다리 사이에 불완전한 비막이 있다. 앞발목부터 무릎까지의 비막은 비교적 뚜렷하나 뒷다리와 꼬리 사이, 앞발목과 목 사이의 비막은 극히 작고 흔적적이다. 꼬리는 몸통 길이보다 훨씬 짧고 편평하다.

치식은 $\dfrac{1 \cdot 0 \cdot 2 \cdot 3}{1 \cdot 0 \cdot 1 \cdot 3}$ =22이다.

### 하늘다람쥐(*Pteromys volans volans*)

측정치　몸통 101 내지 190밀리미터, 꼬리 70 내지 121밀리미터, 귀

일본산 하늘다람쥐(*Pteromys momonga*)

15 내지 17밀리미터, 뒷발 24 내지 35밀리미터.

**형태** 귓바퀴는 작고 긴 털이 없으며 눈이 매우 크다. 털색은 담연피회갈색(淡軟皮灰褐色)으로 일본산 하늘다람쥐(*Pteromys momonga*; 몸길이 150 내지 200밀리미터)보다 털색이 연하며, 몸의 크기도 이보다 약간 작다. 앞, 뒷발의 표면은 회색, 몸 아랫면은 백색, 비막의 아랫면과 꼬리는 담홍연피색이다. 음경골은 가늘고 길며 두 갈래로 갈라져 있다.

**생태** 백두산 일원에서는 흔히 발견된다고 하지만, 중부 지방에서는 희귀한 종류이다. 행동이나 습성은 청설모와 비슷하지만 야행성인 점에서 차이가 난다. 따라서 눈에 잘 띄지 않아 채집 기록이 매우 적다. 상수리나무와 잣나무의 혼성림 또는 잣나무 숲과 같은 침엽수림에서 단독 또는 2마리씩 빈 나무 구멍을 보금자리로 이용하여 서식한다. 먼 거리를 이동할 때는 나뭇가지 끝으로 기어올라가 비막을 펼친 뒤 밑으로 활공한다. 그러나 땅 위에서는 이동 속도가 느리고 민첩하지 못하다. 잣, 도토리 등의 견과, 과실, 나무의 어린 싹, 어린 나뭇가지를 먹는데, 먹는 모습은 다람쥐와 비슷하다. 4월에 2 내지 4마리의 새끼를 낳는다.

**분포** 시베리아, 바이칼호, 만주, 우리나라 중북부 지방.


# 비단털쥐과(Family Cricetidae)

비단털쥐과에는 햄스터, 들쥐 등이 속하며, 100속에 속하는 많은 종들이 열대 아시아와 그 주변 섬, 오스트레일리아를 제외한 구대륙과 신대륙에 분포되어 있다. 이 그룹의 분류학적 위치에 대하여 엘러만과 모리슨·스코트(Ellerman and Morrison-Scott, 1951년)는 이 그룹을 쥐과(Muridae)에 포함시키고 있으나, 심프슨(Simpson, 1945년)과 콜베트(Corbet, 1978년) 등 여러 학자들은 독자적인 과로 인정하고 있으며 저자도 이 의견에 따랐다. 소형부터 대형(몸길이 400밀리미터)까지 크기가 다양하며 꼬리는 대개 몸통 길이보다 짧다. 뒷다리는 앞다리보다 길고 앞발에는 4개의 발가락, 뒷발에는 5개의 발가락이 있다. 뒷발의 발가락은 길고 강한 발톱이 매우 잘 발달되어 있다. 털색은 단일색으로 회색, 흑갈색 등이다. 우리나라에는 5속에 속하는 7종이 알려져 있다.

## 비단털쥐속(Genus *Cricetulus*)

중형의 들쥐로서 얼굴은 길쭉하며 눈은 작고, 귓바퀴는 크다. 몸은 명주실과 같은 털로 덮여 있고, 꼬리는 몸통 길이의 2분의 1 이하로, 털로 약간 덮여 있거나 거의 드러나 있다. 뒷발의 제5발가락은 짧고 앞발의 제1발가락의 발톱은 퇴화되어 있다.

치식은 $\dfrac{1 \cdot 0 \cdot 0 \cdot 3}{1 \cdot 0 \cdot 0 \cdot 3} = 16$이며, 윗어금니의 저작면에는 두 줄로 놓인 돌기가 있다.

### 비단털등줄쥐 (*Cricetulus barabensis fumatus*)*

**측정치**  몸통 108 내지 144밀리미터, 꼬리 20 내지 31밀리미터, 귀 13.5 내지 15밀리미터, 뒷발 15 내지 18밀리미터.

**형태**  꼬리는 털로 덮여 있으며 매우 짧아 몸통 길이의 3분의 1 이하이다. 몸의 털은 부드럽고 털의 기부는 흑회색이지만, 표면적으로는 주둥이 끝에서 꼬리 기부까지 황갈색이며, 이마에서 꼬리 기부까지 암흑색 줄무늬가 있다. 귓바퀴의 안팎은 흑갈색의 짧은 털로 덮여 있고, 귀의 가장자리, 주둥이의 좌우, 몸의 아랫면, 네 다리는 회백색이며, 꼬리의 윗면은 암갈색, 아랫면은 회백색이다.

**생태**  북부(만주) 지방의 경작지에서 흔히 볼 수 있다. 땅 밑에 수직으로 30 내지 50센티미터의 굴을 판 뒤 다시 수평으로 약 1미터 정도 지나서 보금자리를 만들고, 그 옆에 식량 저장 창고를 3개 정도 만든다. 굴의 직경은 3.5센티미터, 총길이 2.52미터이다. 연 4회, 한 번에 4 내지 8마리의 새끼를 낳는다.

**분포**  만주, 몽고, 시베리아, 우리나라 신의주, 압록강 연안 등 북부 지방.

비단털쥐(*Cricetulus triton nestor*)

**측정치** 몸통 120 내지 175밀리미터, 꼬리 33.7 내지 95밀리미터, 귀 15.6 내지 21.6밀리미터, 뒷발 21 내지 26밀리미터.

**형태** 꼬리 길이는 몸통 길이의 3분의 1에서 2분의 1 정도이다. 등에 검은 줄이 없고 볼주머니가 있다. 털은 길고 부드러우며, 몸 윗면은 흑회색으로 거무스레하게 보인다. 아랫면과 네 다리 안쪽은 회백색이며, 등과 배의 경계면은 분명치 않다. 귓바퀴는 갈색, 양 뺨은 암회색이다. 수염은 매우 길며 백색과 흑색이 섞여 있다.

**생태** 콩, 팥, 녹두 등 두숙류를 잘 먹으므로 주로 두숙류의 경작지와 그 부근의 둑에 서식하며, 야산 지대, 초습지, 산림 공한지 등에서도 산다. 특히 관목이 무성하고 건조한 장소나 경작지 주변에 굴을 판다. 직경 6, 7센티미터인 구멍의 입구는 2, 3개 있으며 수직으로 30 내지 40센티미터 정도 뚫고 내려가다가 수평으로 통로를 만드는데, 그 도중에 보금자리, 식량 저장 창고, 배설 장소를 마련한다. 보금자리의 크기는 20×20센티미터이며 재료는 콩과나 화본과 식물의 잎을 씹어서 부드럽게 만든 것을 사용한다.

먹이는 주로 콩, 팥, 녹두이며, 옥수수, 밀, 팥, 귀밀, 도토리, 감자, 해바라기, 곤충을 먹기도 한다. 번식력이 강하여 1년에 2, 3회에 걸쳐 8 내지 22마리의 새끼를 낳는다.

**분포** 중국 북동부(센시에서 만주까지), 우수리, 우리나라 북부 지방, 서울, 광릉, 여주.


들쥐속(**Genus** *Clethrionomys*)

중형의 들쥐로서 얼굴은 비교적 짧고, 눈과 귓바퀴는 비교적 크다. 꼬리는 몸통 길이의 2분의 1 이하로 원통형이며, 빽빽한 털로 덮여 있거나 성긴 털로 덮여 있어 각질 비늘이 보이기도 한다. 앞발의 제3발가락은 제4발가락보다 길다. 뒷발에서 제3, 4발가락은 대체로 같은 길이이다. 네 발의 제1발가락마다 짧고 둔한 발톱이 있다.

치식은 $\frac{1 \cdot 0 \cdot 0 \cdot 3}{1 \cdot 0 \cdot 0 \cdot 3}=16$이며, 윗어금니의 저작면은 평탄하며 어금니에 뿌리가 있다.

### 숲들쥐(*Clethrionomys rutilus amurensis*)*

**측정치**  몸통 78 내지 92밀리미터, 꼬리 32 내지 40밀리미터, 귀 12 내지 14밀리미터, 뒷발 17 내지 18밀리미터.

**형태**  꼬리는 굵고 짧으며 비교적 긴 털이 빽빽하게 나 있어 대륙밭쥐의 가는 꼬리와 쉽게 구별된다. 귓바퀴는 비교적 작고 털 속에 파묻혀 있다. 턱에는 백색 수염과 흑갈색 수염이 섞여 나 있다. 몸 윗면의 털은 연한 붉은색, 아랫면의 털은 흐린 백색을 띤다.

**생태**  채집 기록은 적으나 그 수는 많을 것으로 추정되고 있다. 침엽수림, 침활 혼성림, 휴간지의 어린 관목들과 초목이 무성한 곳에서 산다. 가을에는 잡초 씨나 나무 종자를 먹는다. 번식기는 6월 말에서 8월 중순까지이며, 한 번에 4마리의 새끼를 낳는다.

**분포**  북부 스칸디나비아에서 시베리아 동북부에 이르기까지(모스크바, 카자흐스탄, 알타이, 만주, 사할린, 북해도), 우리나라 백두산, 북포태산, 차일봉 등 북부 지방.

## 대륙밭쥐속(Genus *Eothenomys*)

들쥐속과 매우 비슷하지만, 어금니에 뿌리가 없다는 점에서 구별된다. 치식은 $\frac{1 \cdot 0 \cdot 0 \cdot 3}{1 \cdot 0 \cdot 0 \cdot 3}=16$이다.

### 대륙밭쥐(*Eothenomys regulus*)

**측정치**  몸통 92 내지 212밀리미터, 꼬리 26 내지 49밀리미터, 귀 11.5 내지 18밀리미터, 뒷발 15 내지 20.5밀리미터.

**형태**  몸은 크나 꼬리는 짧아 몸통 길이의 3분의 1 정도이며, 꼬리털이 적어 비늘이 보인다. 몸의 크기에 비해서 네 다리는 짧고 뒷발도 작은

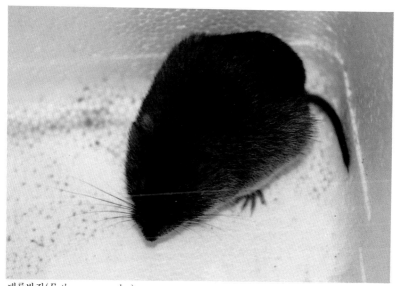

대륙밭쥐(*Eothenomys regulus*)

편이다. 귓바퀴는 비교적 크지만 부드럽고 긴 털로 덮여 있다. 겨울털의
경우 털의 길이가 약 15밀리미터나 되며, 몸 윗면의 털색은 육계색, 아랫
면은 담홍연피색이며 늙은 개체일수록 윗면의 털색이 진하고 광택이 난
다. 여름털의 길이는 짧고, 몸 윗면은 암적갈색을 띤다.

**생태** 들쥐들 가운데에서 그 수가 두번째로 많다. 고산 지대의 산림에
많이 서식하고 있는데, 서식 장소는 해발 500미터 이상 되는 산 밑, 산중
턱, 작은 돌이 많이 쌓여 있는 미경작지 등이며 굴을 뚫고 서식한다. 직경
3, 4센티미터의 구멍을 지표면에 6개 가량 뚫으며 굴의 범위는 3×4미
터, 굴의 길이는 70센티미터, 총길이는 14.7미터이다. 보금자리는 굴의
중앙부에, 사초과나 화본과 식물들의 잎과 엽초를 잘게 썹지도 않은 채
엉성하게 만든다. 보금자리에서 약 90센티미터 떨어진 곳에 있는 식량
저장 창고에는 2, 3센티미터 정도로 잘게 썹은 화본과나 사초과 식물의
엽초 100그램 정도가 저장되어 있다.

번식은 봄(북한 지방에서는 5, 6월)과 가을에 왕성한데 봄에 2, 3회, 가을에 1, 2회 새끼를 낳으며, 임신 기간은 23일, 한 번에 3, 4마리의 새끼를 낳는다.

**분포** 만주, 사할린, 우리나라 백두산, 북포태산, 함북 관모봉, 함남 부전, 평남 안주, 무산 농사동, 명양, 강원도 금화, 전북 전주, 전남 영광, 설악산, 광릉, 지리산 등.

**비고** 이전에는 들쥐속(*Clethrionomys*)에 속하는 것으로 알려져 있었다.

## 사향쥐속(Genus *Ondatra*)

몸이 매우 크며 물속에서 살기에 알맞은 구조를 가진다. 커다란 네 발의 각 발가락에는 뻣뻣한 센 털이 줄을 지어 나 있어 헤엄칠 때 지느러미 역할을 한다. 앞발의 제3발가락과 제4발가락은 다른 발가락들보다 길며, 네 발의 제1발가락마다 잘 발달된 발톱이 있으며, 뒷발의 발가락 사이에 불완전한 막이 있다. 꼬리는 길며 좌우로 편평하다. 귓바퀴는 작고 몸 윗면의 털은 길고 광택이 있으며, 아랫면의 털은 빽빽이 나 있다. 사타구니에 사향샘이 있다.

치식은 $\dfrac{1 \cdot 0 \cdot 0 \cdot 3}{1 \cdot 0 \cdot 0 \cdot 3} = 16$이다.

### 사향쥐(*Ondatra zibethicus*)[*]

**측정치** 몸통 220 내지 355밀리미터, 꼬리 185 내지 280밀리미터, 귀 23밀리미터, 뒷발 66 내지 92밀리미터.

**형태** 위턱의 이빨이 특별히 길고, 갈고리 모양의 윗앞니는 밖으로 나와 있다. 머리와 몸의 한계가 명확하지 않고, 귓바퀴는 작아서 털 속에 묻혀 있으며, 꼬리에는 5밀리미터 정도의 센 털이 드물게 나 있다. 네 발을 제외한 몸 전체에 센 털(42밀리미터)이 드물게 나 있고, 그 밑에 부드러운 털이 빽빽하게 나 있다. 털은 흑색, 검은 갈색, 백색 등으로 일정치 않으며 함북 웅기산의 경우는 몸 윗면의 털은 검은색이 많은 황갈색, 아랫면의 털은 회백색이다.

**생태** 우리나라에서는 채집 기록이 극히 드물다. 자연 호수 또는 인공 저수지에서 살며, 그 주위의 벼과 식물에 많은 피해를 준다. 강안 둑에 굴을 파기도 하며 물에서 헤엄을 잘 친다. 여름에 10 내지 20마리의 새끼를 낳는다.

**분포** 북미(원산지), 유럽, 아시아(중국, 소련, 일본), 우리나라 함북 웅기군 등 북부 지방.

### 갈밭쥐속(Genus *Microtus*)

중형의 들쥐이다. 눈은 대부분 보통 크기이나 굴에서 사는 종들에서는 작고, 낮에 활동하는 종들에서는 비교적 크다. 귓바퀴의 크기도 종에 따라 매우 다양하다. 꼬리는 몸통 길이의 5분의 1에서 4분의 3 정도이며 털이 빽빽하게 나 있거나 보통의 밀도로 나 있다. 네 발의 제3발가락들은 제4발가락들보다 길며, 앞발의 제1발가락은 보통 길고 둔한 발톱이 나 있다. 치식은 $\dfrac{1 \cdot 0 \cdot 0 \cdot 3}{1 \cdot 0 \cdot 0 \cdot 3} = 16$이다. 윗어금니의 저작면은 평탄하고 어금니에 뿌리가 없다.

#### 갈밭쥐(*Microtus fortis pelliceous*)

**측정치** 몸통 118 내지 162밀리미터, 꼬리 40 내지 69밀리미터, 귀 12 내지 18밀리미터, 뒷발 16 내지 27밀리미터.

**형태** 몸은 비교적 크며 털이 빽빽하게 난 꼬리는 몸통 길이의 2분의 1 정도이다. 몸을 덮은 털은 부드럽고 가늘고 길며, 몸 윗면은 세피아 갈색, 아랫면은 흐린 백색이다. 귓바퀴는 짧고 암회갈색이며, 꼬리의 윗면은 암갈색, 아랫면은 흐린 백색이다.

**생태** 풀밭, 밭 주변, 강기슭, 산림 기슭, 고산 지대의 귀밀 또는 보리 낟가리 밑에서 사는데, 건조한 곳을 싫어하여 주로 습지대에서 서식한다. 먹이는 풀 뿌리, 연한 풀 줄기, 풀씨, 곡물류로서 주로 낮에 활동한다. 굴은 땅속 15 내지 20센티미터의 장소에 직경 5센티미터 정도로 파며, 지상에 2 내지 8개의 쥐구멍이 있고, 각 굴은 중앙의 보금자리와 통하게 되어 있다. 1년에 한 번, 7, 8월에 2 내지 4마리의 새끼를 낳는다.

**분포** 시베리아, 우수리, 만주, 우리나라 중북부 지방.

### 쇠갈밭쥐(*Microtus mandarinus kishidai*)

**측정치** 몸통 88 내지 120밀리미터, 꼬리 20 내지 28밀리미터, 귀 7 내지 11밀리미터, 뒷발 16 내지 18밀리미터.

**형태** 갈밭쥐보다 작고 몸통에 비해 짧은 흑갈색의 꼬리에는 센 털이 상당히 많이 나 있다. 몸 윗면의 털색은 약간 검은색을 띤 자갈색(赭褐色)이며, 아랫면은 대백색(帶白色), 네 다리는 회색이다. 몸에 비해서 이빨이 거대한 점이 특징이다.

**생태** 건조한 곳을 좋아하여 농경지나 초원에는 서식하지 않는다. 굴의 형태는 갈밭쥐의 것과 비슷하지만 쥐구멍은 4개이며, 깊이는 4, 5센티미터로 얕고 직경도 3.5센티미터로 작다.

**분포** 중국 동북 지방, 북부 몽고, 바이칼호, 우리나라 서울의 청량리, 전북 익산군, 한탄강, 수원, 광주.

쇠갈밭쥐(*Microtus mandarinus kishidai*)

# 쥐과(Family Muridae)

포유류 가운데 가장 종류가 많은 과로서(100속) 중, 소형의 쥐들로 구성되어 있으며, 거의 전세계에 분포되어 있다. 털이 약간 나 있거나 또는 거의 드러나 있는 꼬리는 몸통 길이의 3분의 2 이상이다. 뒷다리는 앞다리보다 길며, 발가락은 전형적인 4지형이며, 제5발가락은 종에 따라 정도가 다르게 퇴화되어 있다. 우리나라에는 4속 6종이 알려져 있다.

## 멧밭쥐속(Genus *Micromys*)

소형이며 꼬리와 몸통 길이가 거의 같다. 꼬리의 끝은 털로 덮이지 않았고 물건을 감을 수 있다. 귓바퀴는 짧아서 대부분 털로 덮여 있고, 귀 뒷부분의 피부 주름인 영주가 귓구멍(외청도공)을 완전히 덮고 있다. 주둥이 부분은 비교적 짧고 뇌함은 크고 도드라졌다.

치식은 $\dfrac{1 \cdot 0 \cdot 0 \cdot 3}{1 \cdot 0 \cdot 0 \cdot 3} = 16$이다.

### 멧밭쥐(*Micromys minutus ussuricus*)

**측정치** 몸통 53 내지 98밀리미터, 꼬리 38 내지 85밀리미터, 귀 6 내지 12밀리미터, 뒷발 12 내지 18밀리미터.

**형태** 기본 형태는 멧밭쥐속에 기재한 것과 같다. 털은 부드럽고 몸 윗면은 황갈색 또는 암갈색, 아랫면은 흐린 백색 또는 회백색이다.

**생태** 경작지 부근의 관목 숲이나 풀숲에서 사는데, 특히 개천가 관목 숲 사이의 풀숲에 많이 산다. 여름에는 지면에서 60 내지 100센티미터 높이의 관목이나 풀 줄기에 둥근 둥지를 만든다. 가을의 추수 뒤에는 낟가리 밑에 굴을 파고 산다. 주로 야행성이나 낮에도 활동하는 듯하며, 여름에는 식물의 녹색 부분과 곤충, 가을에는 경작지의 곡물, 겨울에는 저장 곡물을 먹는다. 번식 시기는 7, 8월(문헌에 따라서는 3월에서 10월까지)

멧밭쥐(*Micromys minutus*)

흰넓적다리붉은쥐(*Apodemus peninsulae peninsulae*)

이며 1년에 한 번, 4 내지 6마리의 새끼를 낳는다.

**분포**  중국 동북 지구, 만주 지방, 아샘, 동북 시베리아, 우리나라 거의 전지역.

## 붉은쥐속(Genus *Apodemus*)

소형 또는 중형으로 멧밭쥐속의 쥐들과 유사하지만, 크기가 크고 일반적으로 꼬리 길이가 몸통 길이보다 짧다. 꼬리 길이가 몸통 길이와 같은 개체도 있으나 물건을 감아 쥘 수는 없다. 귓바퀴는 커서 털 밖으로 나와 있으며, 귓구멍은 막히지 않았다. 주둥이는 가늘고 길며 뇌함은 둥글다. 치식은 $\dfrac{1 \cdot 0 \cdot 0 \cdot 3}{1 \cdot 0 \cdot 0 \cdot 3} = 16$이다.

### 흰넓적다리붉은쥐(*Apodemus peninsulae peninsulae*)

**측정치**  몸통 71 내지 113밀리미터, 꼬리 53 내지 120밀리미터, 귀 11 내지 18밀리미터, 뒷발 16 내지 29밀리미터.

**형태**  몸은 가늘고 길며, 귓바퀴는 크고 앞으로 향했는데 앞으로 구부리면 눈 앞까지 닿는다. 등에 검은 줄이 없어 등줄쥐와 뚜렷이 구별된다. 꼬리는 보통 몸통 길이보다 짧으며 털이 거의 나 있지 않으므로 비늘이 드러나 보인다. 겨울털은 부드럽고 가늘며, 몸 윗면은 담황적갈색으로 정중선 부분에 흑색의 가는 털이 나 있다. 입술, 뺨, 몸 아랫면은 순백색이며 귀는 갈색, 앞, 뒷발은 은백색이다. 여름털은 약간 뻣뻣하고 겨울털보다 짧다.

**생태**  서식 밀도기 비교적 낮으며, 농작물 경작지에서는 찾아볼 수 없고 주로 산림에서 발견된다. 굴은 쓰러진 나무 밑이나 나무 뿌리 밑에 뚫으며, 식물의 종자나 도토리 등 딱딱한 열매를 먹는다. 1년에 한 번, 4월에서 5월 사이에 평균 4 내지 9마리의 새끼를 낳는다.

**분포**  시베리아, 사할린, 중국의 북부 삼림 지대, 우리나라 거의 전지역.

등줄쥐(*Apodemus agrarius ningpoensis*)

**측정치**  몸통 70 내지 120밀리미터, 꼬리 52 내지 96.2밀리미터, 귀 9 내지 15.5밀리미터, 뒷발 15.2 내지 23.8밀리미터.

**형태**  귓바퀴와 눈은 크지 않으며 귓바퀴는 앞으로 구부려도 눈에 닿지 않는다. 꼬리는 몸통 길이의 약 3분의 2 정도이며 짧고 성긴 털로 덮여 있다. 몸의 털은 상당히 거칠며 특히 등 쪽의 털이 거칠고 길다. 몸 윗면의 털은 적갈색이며 이마부터 꼬리 밑까지 정중선을 따라 검은 줄이 있다. 아랫면은 회백색이다.

**생태**  우리나라 들쥐의 74퍼센트(서식 밀도 1위)를 차지하고 있는 매우 흔한 종이다. 산 밑, 중턱, 정상에 이르기까지 그리 습하지 않은 곳이면 살 수 있다. 쥐구멍의 입구는 1, 2개이며 통로의 높이는 6센티미터, 폭은 5.5센티미터이며 보금자리의 높이는 17센티미터, 폭 16센티미터이며, 굴의 범위는 80×100센티미터, 보금자리는 수수나 조의 잎 또는 화본과 나 사초과 식물의 잎을 엉성하게 잘라 만든다. 곡물 또는 사초과나 화본과 식물의 종자를 주로 먹으며, 식량 저장 창고에 먹이를 별로 저장하지 않아 겨울에도 먹이를 찾아 헤맨다. 1년에 4, 5회, 한 번에 4 내지 8마리의 새끼를 낳으며 태어난 뒤 3, 4개월이면 성적으로 성숙한다.

**분포**  남서부 중국을 제외한 동부 아시아, 우리나라 전지역.


## 집쥐속(Genus *Rattus*)

몸이 크고 꼬리가 길어 몸통 길이의 3분의 2 이상이다. 몸은 흑회색 또는 회갈색의 비교적 거친 털로 덮여 있으며, 귓바퀴는 털 밖으로 노출되어 있다. 주둥이는 길고 뇌함은 둥글다.

치식은 $\dfrac{1 \cdot 0 \cdot 0 \cdot 3}{1 \cdot 0 \cdot 0 \cdot 3} = 16$이다.


곰쥐(애굽쥐: *Rattus rattus*)

**측정치**  몸통 153 내지 188밀리미터, 꼬리 165 내지 205밀리미터, 귀

등줄쥐(*Apodemus agrarius ningpoensis*)

곰쥐(애굽쥐: *Rattus rattus*)

19 내지 24밀리미터, 뒷발 29.5 내지 38밀리미터.

**형태**  몸은 가늘고 길다. 꼬리는 몸통 길이보다도 길며 털이 빽빽하게 나 있다. 귓바퀴는 크고 앞으로 구부리면 눈을 덮는다. 몸의 털은 굵으며 발바닥 털은 짧다. 털색에 따라 흑색형과 갈색형으로 나뉜다.

**생태**  개체수가 적다. 주로 항만 도시의 주택가에 서식하며 야외에서는 발견되지 않는다. 주택가에서도 집쥐에 비해서 서식 밀도가 매우 낮다.

**분포**  이집트와 누비아(Nubia)가 원산지인 갈색형은 지중해 연안을 거쳐 유럽, 미국, 동양, 남양에 진출한 뒤 전세계 각 지방에 널리 퍼진 종류로 항만 도시에서 우세를 보인다. 우리나라에서는 경기도 고양군, 청평, 가평, 양주군, 도농리, 양평군, 강원도 설악산 신흥사 부근, 오색리 등에서 채집된 바 있다. 흑색형의 원산지는 구세계 북방 온대 지방으로 전세계에 분포되어 있으며, 우리나라에서는 해주, 원산, 속초, 서호 등지에서 채집되었다.

집쥐(시궁쥐; *Rattus norvegicus*)

**측정치** 몸통 162 내지 240밀리미터, 꼬리 139 내지 197밀리미터, 귀 16.5 내지 22밀리미터, 뒷발 30 내지 40밀리미터.

**형태** 몸이 크며 꼬리는 몸통 길이보다 짧다. 귓바퀴는 작아서 앞으로 접어도 눈에 닿지 않는다. 털은 길며 늙은 개체일수록 거칠고, 꼬리에는 짧고 굵은 털이 성글게 나 있다. 털색은 몸 윗면의 경우 거무스레한 황갈색이며 몸 옆면으로 갈수록 거무스레한 색이 연해져 아랫면에서는 회백색을 띤다. 좌우 뺨의 긴 수염 가운데 위쪽은 검정색, 아래쪽은 백색이다.

집쥐(시궁쥐;*Rattus norvegicus*)와 갓나은 새끼들

**생태** 가옥 안의 식량 창고, 부엌, 마루 밑, 하수도, 천장, 벽 틈 등에서 살며, 야외의 논둑이나 밭둑에서도 산다. 헤엄도 칠 수 있으며 잡식성으로 가리는 먹이가 없다. 추위에도 잘 견디므로 추운 지대에서도 살며, 밤낮을 가리지 않고 활동하며 초저녁에 특히 활동이 활발하고 새벽녘에 적어진다. 가옥 안 부엌에 굴을 만들 때는 천장과 통하게 만들므로 천장 위를 자유롭게 다닐 수 있다. 쥐구멍은 3 내지 8개이나 항상 드나드는 쥐구멍과 비상구가 있다. 굴의 범위는 2.7×3.4미터이며, 중앙에 솜, 실, 닭털, 헌 옷 등의 부드러운 물질이 가득 차 있는 20×20센티미터의 보금자리가 있다. 야외에 굴을 만드는 경우 굴이 같은 평면에 배열되어 있다. 임신 기간은 26일이며 번식력이 매우 강하다. 태어난 뒤 70일 되면 성적으로 성숙하여 새끼를 낳을 수 있으며, 태어나서 1년 동안 연 5, 6회, 2년 동안은 연 3, 4회의 새끼를 낳고, 늙은 개체일수록 한 배의 새끼의 수가 많아진다. 수명은 약 3년이다.

**분포** 구세계의 북부 습지대가 원산지로 전세계에 퍼져 있다. 우리나라 전지역.

## 생쥐속(Genus *Mus*)

몸은 작고 꼬리 길이는 몸통 길이의 3분의 2 이상이며, 귓바퀴는 커서 털 밖으로 노출되어 있다. 네 발의 발바닥은 짧다. 주둥이는 가늘고 길며 뇌함은 둥글다. 치식은 $\dfrac{1 \cdot 0 \cdot 0 \cdot 3}{1 \cdot 0 \cdot 0 \cdot 3} = 16$이다.

### 생쥐(*Mus musculus musculus*)

**측정치** 몸통 67 내지 84밀리미터, 꼬리 44 내지 83밀리미터, 귀 10.5 내지 14밀리미터, 뒷발 13 내지 18밀리미터.

**형태** 몸은 작고 꼬리 길이는 몸통 길이보다 짧다. 귓바퀴는 둥글고 접어도 눈에 닿지 않으며 몸의 털은 부드러우며 비교적 길다. 꼬리에도 털이 많다. 겨울털의 경우 몸 윗면은 회갈색, 아랫면은 회백색으로 윗면과 아랫

생쥐(*Mus musculus*)

면의 경계는 확실하다. 여름털은 약간 짧고 아랫면은 거의 백색이다.

**생태**  옷장 속, 책상 속, 벽, 천장, 마루 밑 등 집 안에서나 농경지, 초원 등에서 산다. 주로 곡식을 먹으며 과자나 과일, 풀씨도 먹는다. 쥐구멍은 지표면에 1개 있으며, 식경은 4, 5센티미터, 총길이 75센티미터이며, 범위 는 60×60센티미터이다. 굴의 말단부에 10×10센티미터의 보금자리가 있으며, 보금자리의 재료는 화본과나 사초과 식물들의 잎이다. 월동용으 로 먹이를 저장하는 습성은 없으며 번식은 계절에 관계없이 1년에 5, 6회, 한 번에 4 내지 12마리씩 평균 7마리의 새끼를 낳는다.

**분포**  시베리아 동북부를 제외한 구세계 전지역, 우리나라의 전지역.

# 뛰는쥐과(Family Dipodidae)

10속에 속하는 25종이 북아프리카, 아시아 남서부로부터 중앙아시아를 거쳐 중국 북부와 남만주까지 서식하고 있다. 몸의 크기는 소형 내지 중형이며, 일반 쥐들에 비하여 뒷다리가 매우 길고, 앞다리의 도움 없이 빨리 뛸 수 있다. 꼬리는 몸통 길이보다 길며, 뒷발의 발바닥이 매우 길어 때로는 몸통 길이의 반이나 되며, 뒷발의 발가락 또한 앞발의 발가락에 비해 현저히 길다. 또한 각 발은 보통 5개의 발가락과 크지 않은 발톱을 가졌는데, 뒷발의 발가락 수는 감소되어 5지, 4지, 3지형이 있다. 우리나라에는 뛰는쥐속에 속하는 1종이 서식하고 있다.

## 뛰는쥐속(Genus *Sicista*)

보통 볼 수 있는 쥐와 유사하지만, 뒷다리의 길이가 앞다리 길이의 2배 이상이다. 치식은 $\frac{1 \cdot 0 \cdot 1(0) \cdot 3}{1 \cdot 0 \cdot 0 \cdot 3}$ =18 또는 16이다.

### 긴꼬리꼬마쥐(*Sicista concolor caudata*)[*]

**측정치** 몸통 48.5 내지 70.5밀리미터, 꼬리 100 내지 125밀리미터, 귀 10 내지 14밀리미터, 뒷발 14 내지 18밀리미터.

**형태** 가늘고 성긴 털로 덮여 있는 꼬리는 매우 길어 그 길이가 몸통 길이의 2배 이상이다. 앞, 뒷발에 각각 5개의 발가락이 있다. 털은 부드럽고 길며 몸 윗면의 털은 전반적으로 황갈색이지만 털 끝은 흑갈색이다. 네 발은 황백색, 꼬리의 윗면은 흑갈색, 아랫면은 회백색이다.

**생태** 우리나라에서는 채집 기록이 적다. 초목이 무성한 휴한지, 목초지, 산림 주변의 초습지, 경작지와 강변 주변에 서식한다. 행동은 민첩하지 못하며 뒷다리로 뛸 수 있고 나무를 잘 탄다. 잡초 씨, 연한 식물의 녹색 부분, 곤충류 등을 먹는다.

**분포** 사할린, 중국 동북부, 우리나라 북부.

# 식육목(Order Carnivora)

　오스트레일리아를 제외한 전세계에 서식하고 있는 식육류에는 전형적인 맹수인 호랑이(범)와 표범을 비롯하여 삵, 스라소니, 곰, 늑대, 승냥이, 여우, 너구리, 오소리, 산달, 족제비, 수달 등 7과 101속이 포함되어 있다. 그러나 학자에 따라서는 육지에 사는 이들을 식육목의 지각아목(枝脚亞目)에, 물개, 바다사자, 물범 등 바다에 사는 종류를 식육목의 기각아목(鰭脚亞目)에 포함시키기도 한다.

　식육류는 이렇듯 매우 다양한 종류로 이루어져 있지만, 이들은 크고 날카로운 이빨을 가지고 있다는 공통점이 있다. 이들은 종류에 따라 28 내지 42개의 이빨을 가지며, 이 가운데 송곳니는 육식성 식육류에서 가장 긴 이빨로서 먹이를 잡아죽이는 데 사용된다. 또한 위턱의 제일 뒤쪽 앞어금니와 아래턱의 첫번째 어금니는 모양이 칼날같이 날카롭게 변화되었는데, 주로 먹이를 끊을 때 이용된다. 이에 비해서 잡식성 식육류들의 이빨은 그다지 특수화되지 않았다. 먹이를 먹을 때는 소나 쥐 종류들과는 달리 턱을 위아래로 움직인다.

　식육류의 머리형은 둥근 형(고양이과)과 길쭉한 형(개과)이 있다. 이들의 뇌는 대뇌반구에 3개의 주름과 많은 굴곡이 있으며, 큰 후엽(後葉)이 있는 등 상당히 발달되어 있다. 실제 이들의 기억력과 학습

능력은 뛰어나다고 알려져 있다. 또한 정신적 기능이 비교적 우수하므로 이들은 다양한 환경 유형에 자신들을 잘 적응시킬 수 있다. 예를 들어 북부의 툰드라, 타이가 지역, 준 사막 지역, 높은 산맥 등에서도 늑대와 여우가 발견되기도 한다. 오소리와 곰 등 고위도 지방의 일부 종들은 기후 조건이 나쁠 때 동면을 하기도 하는데, 이들의 동면은 동면 기간 가운데에도 체온이 거의 떨어지지 않는다는 점에서 식충류와 박쥐류 등의 동면과는 다르다.

대부분의 육식 동물들은 혼자 지내는 경향이 있으나 늑대만은 작은 무리를 형성한다. 특히 겨울에는 여러 마리가 무리를 지어 사냥하는데, 이는 아마도 이들이 무리를 짓는 것이 사냥에 유리하다는 것을 알기 때문이 아닌가 생각되고 있다.

먹이를 잡는 방법은 종류에 따라 다양하다. 늑대처럼 걸음이 빠른 동물들은 보이는 즉시 사냥을 하며, 고양이과 종류는 잠복해 있다가 먹이를 공격하고, 족제비 종류는 먹이인 쥐 종류를 그의 굴속까지 쫓아가 사냥한다. 또한 오소리는 땅을 파서 먹이를 먹으며 담비는 바위 위나 숲에서 먹이를 잡고, 수달은 물속에서 능숙하게 물고기를 잡는다. 고양이과의 동물들은 먹이를 잡을 때 발톱을 사용하는데, 날카로운 발톱은 구부러져 있고 살 속으로 숨겨지기도 한다. 이렇듯 발톱이 살 속으로 숨겨질 수 있으므로 발톱이 무뎌지는 것을 방지할 수 있다.

새로 태어난 새끼들은 눈도 못 뜨고 귀도 닫혀 있으며, 오랫동안 어미에게 의존한다. 종류에 따라 1 내지 5년 사이에 성적으로 성숙하는데 크기가 작은 종류일수록 조기에 성숙한다. 임신 기간은 약 1개월(산달, 족제비)부터 약 10개월(검은담비)로 매우 다양하다.

한때 식육류는 거의 무슨 종류든 골칫거리였으므로, 눈에 띄는 대로 포획 또는 살해되었다. 그러나 이들이 들쥐들의 과다한 번식을 막음으로써 생물학적 균형을 유지하는 데 중요한 역할을 담당하는 등 생태계의 중요한 일원임이 점차 알려짐에 따라, 각국에서는 동물 보호에 관한 법규들을 제정하여 이들의 포획을 금지시키고 있다. 그러나 이와 같은 법규에도 불구하고 이들이 가진 아름다운 모피를 얻기 위한 인간의 무자비한 살육으로 인하여 이들은 멸종의 위기를 맞고 있다.

우리나라에는 개과, 곰과, 족제비과, 고양이과에 속하는 12속 17종 4아종이 서식하고 있다.

# 개과(Family Canidae)

이 과에는 늑대, 여우, 너구리 등 14속 35종이 속하며, 뉴질랜드와 아시아의 몇 섬을 제외한 거의 전세계에 분포되어 있다. 몸은 날씬하며 주둥이는 뾰족하다. 네 다리는 가늘고 일반적으로 앞, 뒷다리의 길이가 같고 걸을 때 발가락 부분만 딛는다. 발가락은 일반적으로 앞발에 5개, 뒷발에 4개이며 발톱은 짧으며, 살 속으로 숨겨지지 않는다. 꼬리는 북슬북슬하며 긴 털로 덮여 있다. 우리나라에는 4속 4종 1아종이 서식하고 있다.

### 개속(Genus *Canis*)

네 다리가 가늘고 길며 꼬리는 비교적 짧다. 주둥이는 길고 뾰족하며, 귓바퀴는 크고 끝이 뾰족한 삼각형이다. 눈동자는 둥글고 이빨들은 대단히 크고 강하다. 치식은 $\frac{3 \cdot 1 \cdot 4 \cdot 2}{3 \cdot 1 \cdot 4 \cdot 3} = 42$이며, 우리나라에는 1종이 알려져 있다.

### 늑대(*Canis lupus chanco*)

**측정치** 몸통 1,100 내지 1,200밀리미터, 꼬리 345 내지 440밀리미터, 귀 100밀리미터, 뒷발 240 내지 250밀리미터.

**형태** 개와 비슷하지만 이마와 콧등이 더 넓다. 긴 털로 덮인 꼬리는 거의 발뒤꿈치 부근까지 늘어져 있고, 귓바퀴는 항상 쫑긋하게 서 있고 밑으로 늘어지지 않는다. 털의 색상과 밀도는 서식 장소에 따라 차이가

늑대(*Canis lupus*)

나, 회황색으로부터 흐린 백색에 이르기까지 다양하다.

**생태**　절종 위기에 있는 종이다. 깊은 산에서도 나무가 그리 많지 않은 야산에서 산다. 시각과 청각도 발달하였지만 후각이 가장 잘 발달하여 죽은 동물의 냄새는 5리 이상 떨어진 곳에서도 잘 맡는다고 한다. 주로 야행성이지만 낮에도 가끔 활동한다. 일부일처제이며 암컷은 매년 새끼를 낳는데, 교미 시기는 1, 2월로 임신 60여 일 뒤인 4월에서 6월에 5 내지 10마리의 새끼를 낳는다. 새끼의 양육은 주로 어미가 담당하며, 새끼들은 11 내지 13일 만에 눈을 떠서 10개월 만에 완전히 자라 어미를 따라 사냥에 나선다. 성의 성숙은 2, 3년이 걸리며, 수명은 12 내지 15년이다.

**분포**　중국 북동부(만주), 중국 북부, 티베트, 우리나라 무산, 농사동, 북부 및 중부, 황해도 평산, 경북 청송면, 지보면, 삼척, 문경, 음성 수안보.

## 여우속(Genus *Vulpes*)

꼬리가 길어 뒷발 길이의 3배에 달한다. 주둥이는 길고 뾰족하며, 귓바퀴는 끝이 뾰족한 삼각형이다. 눈동자는 수축하면 세로로 긴 바늘 모양이 된다. 송곳니가 매우 길어 입을 다물었을 때 그 끝이 아래턱뼈 밑부분까지 달한다. 치식은 $\dfrac{3 \cdot 1 \cdot 4 \cdot 2}{3 \cdot 1 \cdot 4 \cdot 3}$ =42이다.

### 여우(*Vulpes vulpes peculiosa*)

**측정치** 몸통 565 내지 668밀리미터, 꼬리 312 내지 496밀리미터, 귀 70 내지 90밀리미터, 뒷발 120 내지 155밀리미터.

**형태** 네 다리는 가늘고 짧으며 앞발의 5개 발가락 가운데 제1발가락은 아주 높이 붙어 있다. 털색은 개체에 따라 다르나 보통은 몸 윗면이 황색인데, 이마와 등 부분의 털 끝이 희므로 희끗희끗하게 보인다. 아랫면은 암회색이지만 털 끝은 황갈색이고 꼬리 기부의 털 끝은 흑갈색이나 꼬리 끝부분은 흐린 황회백색을 띤다. 귓등과 네 발의 윗면은 검은색이다.

여우(*Vulpes vulpes*)

**생태**   절종 위기에 있는 종이다. 산림, 초원, 마을 부근 등에 있는 바위 틈이나, 흙으로 된 굴에서 사는데, 스스로 굴을 파기도 하지만 굴 파기를 싫어해서 오소리의 굴을 빼앗아 쓴다. 주로 새벽과 저녁에 활동하는데, 후각과 청각이 발달되었고, 동작이 민첩하다. 보통 혼자 사는데, 쥐, 멧토끼, 노루 새끼, 새, 새알, 닭, 개구리, 물고기, 곤충 등을 먹고 야생 과실이나 콩 종류도 먹는다. 교미 시기는 우리나라 북부 지방의 경우 1월 말에서 2월 말 사이인데, 이 시기에는 약 10마리의 수컷이 1마리의 암컷을 쫓아다니며 암컷을 쟁취하기 위해서 수컷끼리 맹렬한 싸움을 벌인다. 암컷은 1마리의 수컷을 선택, 교미하여 임신 기간 51 내지 56일 뒤인 3월 말에서 4월 초에 5 내지 6마리의 새끼를 낳는데, 새끼들은 늦은 여름이나 가을 초에 어미의 곁을 떠나 각각 독립 생활을 하게 된다.

**분포**   유럽, 북부 아프리카, 중국, 소련의 시베리아, 우수리, 사할린, 일본, 우리나라 제주도와 울릉도를 제외한 전국 각지(최근에는 찾아보기 힘들 정도로 수가 줄었다).

## 너구리속(Genus *Nyctereutes*)

몸이 비대하다. 꼬리는 굵고 짧으며 다리는 가늘고 짧다. 머리는 짧고 주둥이는 뾰족하며, 귀는 작고 둥글며 눈동자는 세로로 된 타원형이다. 치식은 $\dfrac{3 \cdot 1 \cdot 4 \cdot 2}{3 \cdot 1 \cdot 4 \cdot 3}$ =42이다.

### 우수리너구리(*Nyctereutes procyonoides ussuriensis*)[*]

**측정치**   (어린 개체) 몸통 485 내지 580밀리미터, 꼬리 145 내지 200밀리미터, 귀 41 내지 50밀리미터, 뒷발 75 내지 105밀리미터.

**형태**   일반적인 형태는 너구리에서 기록한 것과 같다. 주둥이, 귓바퀴, 네 발에 나 있는 털은 짧지만, 그 밖의 온몸의 털은 길고, 속털은 부드럽다. 겨울털의 경우 이마의 털은 털의 기부부터 암갈색, 백색, 검은색의 순이다. 수염과 눈은 검은색, 귀 밑과 양 뺨은 검은 갈색, 귓등과 귓속은 회백색, 귀 아래의 긴 털의 끝은 검은색이다. 뒷목부터 그 뒷부분의 털의 기부는 모두 암황갈색이지만, 털의 끝부분은 황갈색과 검은색이 교대로 나 있어 가로로 검은 줄무늬를 형성한다.

몸 양옆은 황갈색이며 드문드문 검은 털이 나 있다. 꼬리는 황회백색이나 꼬리 끝은 검은색이다. 아래턱은 검은 갈색, 아랫목은 회갈색, 앞가슴은 검은색, 배는 황갈색, 네 다리와 발톱은 갈색이다. 머리뼈는 여우에 비해 작다.

**생태** 중국에는 그 수가 많지만 우리나라(북부 지방)에는 매우 드물다. 깊지 않은 산림이나 골짜기, 어류가 풍부한 늪과 개울이 많이 있는 곳에서 굴을 파고 산다. 보통 밤에 활동하지만 산림에서는 낮에도 활동하며 쥐, 개구리, 도마뱀, 곤충, 물고기, 다래나 머루와 같은 과실, 도토리 등을 먹는다. 대식가로서 한 번에 26센티미터 정도의 물고기를 8 내지 10마리 이상 먹는다고 한다.

다리가 매우 짧고 몸이 비대하므로 달리는 속도는 그다지 빠르지 못하다. 우는 소리는 고양이의 낮은 울음 소리 같지만 화가 나면 비장한 높은 소리를 내며, 비교적 깨끗한 성격을 가져 일정한 장소를 선택해서 배설한다. 개과에 속하는 동물 가운데에서는 유일하게 동면하는 동물로서 11월 중순부터 3월까지 동면하지만 기온이 높아지면 깨어 먹이를 찾는다. 교미 시기는 3월이며, 임신 기간은 60 내지 63일 동안으로 4월 말에서 6월에 3 내지 8마리의 새끼를 낳는다.

**분포** 중국 동북 지방, 길림성, 대흥안령, 소흥안령, 흑룡강, 우수리, 후바이칼, 연해주, 우리나라 함경남북도.


## 너구리(*Nyctereutes procyonoides koreensis*)

**측정치** 몸통 520 내지 660밀리미터, 꼬리 150 내지 180밀리미터, 귀 41밀리미터, 뒷발 93밀리미터.

**형태** 우수리너구리와 유사하지만 털색은 더 거무스레하다. 꼬리털의 윗면은 검은색(그렇지 않은 개체도 있다), 아랫면은 연한 갈색이다.

**생태**  흔한 종류이며 생태는 우수리너구리와 비슷하다.

**분포**  우리나라 경기도 의정부, 서울, 부산, 지리산, 설악산.

**비고**  콜베트(Corbet, 1978년)는 우수리너구리와 너구리를 *Nyctereutes procyonoides procyonoides*의 동의어로 간주하고 있다.

너구리(*Nyctereutes procyonoides*)

### 승냥이속(Genus *Cuon*)

성체의 몸통 길이는 1미터 이상이며, 털이 북슬북슬한 꼬리는 몸통 길이의 2분의 1 이하이다. 다리는 상당히 길고 발바닥은 짧으며, 끝이 둥근 귓바퀴는 곧추서 있고 눈동자는 둥글다. 머리뼈는 늑대의 머리뼈와 비슷하지만 더 작고, 치식은 $\frac{3 \cdot 1 \cdot 4 \cdot 2}{3 \cdot 1 \cdot 4 \cdot 2} = 40$이다.

### 승냥이(*Cuon alpinus alpinus*)

**측정치** 몸통 1,110 내지 1,360밀리미터, 꼬리 400 내지 460밀리미터, 귀 90밀리미터, 뒷발 175밀리미터.

**형태** 큰 개와 비슷하지만 이마가 더 넓고 주둥이가 더 뾰족하다. 꼬리털은 길어서 발뒤꿈치까지 드리워져 있다. 털색은 여우의 색과 비슷하다. 콧등 위에서 양쪽 눈 아래와 눈 사이까지 진한 황갈색, 이마에서 좌우 뺨과 양쪽 귀는 황갈색, 네 다리 바깥쪽은 황색, 턱 밑은 회색이다. 네 발의 앞면은 연한 회백색, 꼬리는 황갈색이나 털 끝이 흑갈색이므로 거무스레하게 보인다. 발톱은 흑갈색이다.

**생태** 희귀한 종으로 우리나라에는 조사된 자료가 없다. 산림, 산지, 열대림에서 사는데 따뜻한 곳에 그 수가 많다. 성질이 매우 사나우며 5 내지 10마리가 무리를 지어다니면서 사슴, 산양, 물소, 물사슴 등을 공격한다. 겨울에 번식하며 임신 기간은 2개월, 한 번에 3, 4마리의 새끼를 낳는다.

**분포** 중국, 소련, 우리나라 중북부(함남 신흥산, 황해도 곡산, 대각산, 경기도 연천산의 기록이 있으나 현재는 서식 여부가 불확실하다).


# 곰과(Family Ursidae)

이 과에는 곰, 불곰 등 8속에 속하는 10종이 포함되어 있다. 이들은 북반구가 주산지로서, 남쪽으로는 구세계의 경우 아틀라스 산맥 및 말레이 군도까지, 신세계의 경우는 안데스 산맥까지 서식한다. 몸은 크고 비대하며 네 다리는 굵고 튼튼하며 발바닥으로 걷는다. 네 발에는 각각 5개의 발가락이 있고, 발가락에는 크고 구부러진 긴 발톱이 있어 땅을 파서 먹이를 얻기에 알맞게 되어 있다. 꼬리는 매우 짧고 털은 길고 빽빽하며 부드럽다. 우리나라에는 곰속과 불곰속에 속하는 2종이 서식하고 있다.

## 곰속(Genus *Selenarctos*)

불곰(큰곰)에 비해 몸이 작고, 등보다 낮은 어깨에는 혹이 없다. 몸의 털은 검은색이고 보통 앞가슴에 반달 모양의 백색 무늬가 있다. 치식은 $\frac{3 \cdot 1 \cdot 4 \cdot 2}{3 \cdot 1 \cdot 4 \cdot 3} = 42$이다.

### 곰(반달가슴곰: *Selenarctos thibetanus ussuricus*)

**측정치** 몸통 1,380 내지 1,920밀리미터, 꼬리 40 내지 80밀리미터, 귀 90 내지 155밀리미터, 뒷발 210 내지 240밀리미터.

**형태** 불곰에 비해서 몸이 작고(200킬로그램 이하), 몸 전체에 광택이 나는 흑색 털이 나 있고, 앞가슴에 반달 모양의 백색 무늬가 있다. 이 무늬의 크기는 변이가 심하며 무늬가 전혀 없는 개체도 있다. 얼굴은 길고 이마는 넓고 귓바퀴는 크고 둥글며 주둥이는 짧다.

**생태** 남한에서는 매우 희귀해졌다. 보통 1,500미터 이상의 높은 산의 여러 종류 과실(머루, 산딸기, 다래) 특히 도토리가 많은 활엽수림에서 산다. 후각과 청각이 매우 발달하였으나 시각은 잘 발달하지 못하였다. 날카로운 발톱을 이용하여 나무에 잘 오르며 바위 절벽도 잘 기어오른다. 산에 오를 때는 평지보다 빠르다.

먹이는 주로 식물질로서 도토리를 특히 좋아하고 껍질째 삼킨다. 봄에는 동면에서 깨어나 신선한 어린 싹과 잎, 나무 뿌리를 먹고, 풍뎅이, 개미, 기타 벌레들과 그 유충들도 먹는다. 산속 개울가에서는 가재나 작은 물고기를 잡아먹으며, 새들의 어린 새끼나 알도 찾아 먹는다. 꿀을 특히 좋아하며 꿀벌의 벌집을 발견하면 벌에 쏘이면서도 꿀벌과 꿀을 통째로 먹는다. 경작지에도 가끔 내려와 옥수수, 수수, 보리, 귀밀, 조, 고구마, 감자 등을 먹으므로 작물에 피해를 주며, 가을에는 도토리를 많이 먹으며 머루, 다래, 버섯도 먹는다. 먹이가 적을 때는 노루, 산양과 같은 동물도 공격한다. 가을에 먹이를 많이 먹어 지방을 축적하면 겨울에 굴속 또는 나무 구멍을 찾아 동면에 들어간다. 먹을 것이 적어 지방의 축적이 충분치 못하면 동면하지 않고 겨울 내내 먹이를 찾아다닌다고 한다.

교미 시기는 7월에서 9월이며 임신 기간은 210일이며 2월에서 4월 사이에 2마리의 새끼를 낳는다. 갓나은 새끼는 20센티미터 정도로 작으나 2주일이 지나면서 급속도로 성장하여 3개월이 되면 어미의 뒤를 쫓아다닌다. 6개월 동안 젖을 빨며 3살이 되면 독립 생활을 시작한다. 6살이 되면 성적으로 성숙하여 15살까지 번식 능력을 가진다. 수명은 대개 60, 70년이다.

**분포** 동부 시베리아의 우수리 지방부터 중국, 캄보디아, 타일랜드, 동쪽으로는 히말라야 캐시미르, 동부 아프카니스탄까지의 동부 아시아, 대만, 일본, 우리나라 백두산 부근, 설악산, 지리산.


## 불곰속(Genus *Ursus*)

몸은 거대하고 어깨는 등보다 높으며 혹 모양의 융기가 있다. 몸의 털은 보통 갈색이지만 검은색도 있다. 앞가슴에 뚜렷하지 않은 백색 무늬를 가지기도 한다. 치식은 $\frac{3 \cdot 1 \cdot 4 \cdot 3}{3 \cdot 1 \cdot 4 \cdot 3}$ =42이다.


### 불곰(큰곰; *Ursus arctos arctos*)*

**측정치** 몸통 1,900 내지 2,140밀리미터, 꼬리 70 내지 80밀리미터, 귀 90 내지 110밀리미터, 뒷발 195 내지 200밀리미터.

**형태** 곰 종류 가운데 가장 몸무게가 무거운 종이다. 몸이 매우 크고 비대하여 보통 150 내지 250킬로그램이지만 480킬로그램이나 되는 것도 있다. 털색은 갈색에서 검은색까지 변화가 많다. 앞가슴에 광택있는 무늬

곰(반달가슴곰; *Selenarctos thibetanus*)

불곰(*Ursus arctos*)

를 가진 개체도 있다. 얼굴은 짧고 이마는 넓고 귀는 작다.

**생태**  곰의 생태와 비슷하다. 그러나 교미 시기는 5월에서 7월로서 곰에 비하여 빠르며, 임신 기간은 195 내지 225일이며 12월에서 1월 사이에 2, 3마리의 새끼를 낳는다. 암컷은 태어난 지 4년 만에 성적으로 성숙한다. 동물원에서 사육했을 때 생존한 기록이 있으므로 최고 연령을 50살로 본다.

**분포**  구세계 북부 지역, 시베리아, 산다루섬, 예네세이, 중국 북부, 블라디보스톡, 우수리, 만주, 캄차카, 일본 북해도, 우리나라 북부 및 중부.


# 족제비과(Family Mustelidae)

족제비과에는 산달, 담비, 족제비, 오소리, 수달 등 25속 약 70종의 중, 소형 동물들이 속하며, 이들은 마다가스카르섬과 오스트레일리아를 제외한 전세계에 서식하고 있다. 몸은 가늘고 길며 꼬리는 비교적 길다. 앞, 뒷다리에는 각각 5개의 발가락이 있고 발가락 끝에 발톱이 있으며, 발바닥 전체 또는 반만 사용하여 걷는다.

윗어금니는 1쌍, 아랫어금니는 2쌍 있는 것이 보통이지만 예외도 있다. 이 과의 동물들은 암수의 크기에 차이가 나며(족제비), 겨울털과 여름털의 차이도 심하다(무산흰족제비). 대개 육지에서 살지만 수달과 같이 물에서 사는 것도 있다. 우리나라에는 4속 7종 3아종이 서식하고 있다.

### 족제비속(Genus *Mustela*)

비경의 윗면은 곧바르며 콧구멍을 싸지 않고 윗입술에 닿지 않는다. 귓바퀴는 작아서 거의 털 속에 묻혀 있다.  마지막 윗어금니는 Y자형이고 양 턱의 앞어금니는 3개씩이며 치식은 $\frac{3 \cdot 1 \cdot 3 \cdot 1}{3 \cdot 1 \cdot 3 \cdot 2}$ =34이다.

**무산흰족제비(쇠흰족제비; *Mustela nivalis nivalis*)***

**측정치** 몸통 암컷 155밀리미터, 수컷 170밀리미터, 꼬리 암컷 27밀리미터, 수컷 34밀리미터, 귀 암컷 8밀리미터, 수컷 12밀리미터, 뒷발 암컷 21밀리미터, 수컷 25밀리미터.

**형태** 식육류 가운데 가장 작은 종류이며 수컷이 암컷보다 크다. 꼬리는 매우 짧고 끝이 뾰족하며 다리도 매우 짧다. 겨울에는 전체 몸이 순백색이나 꼬리 끝은 암갈색이다. 여름에는 초콜릿 색깔로 변하는데 몸 아랫면은 백색을 띤다. 우리나라에서 계절에 따라 털색이 변하는 족제비는 이 종류뿐이다.

**생태** 서식 밀도는 낮으며 주로 1,000미터 이상 고산 지대의 밀림과 관목 숲에서 사는데 가끔 인가 근처에서 발견되기도 한다. 발톱이 약해서 땅 파기에 알맞지 못하므로 쥐구멍을 빼앗아 살든지 돌 구멍, 나무 뿌리 밑에서 산다. 후각, 시각, 청각이 매우 발달하였고 동작이 민첩하다. 주야로 활동하며 주로 쥐 종류를 잡아먹는데 1마리의 무산흰족제비가 1년에 2,000마리에서 3,000마리의 쥐 종류를 잡아먹는다고 한다. 이 밖에 새, 도마뱀, 뱀, 개구리, 곤충도 잡아먹는다. 3, 4월에 여름털로, 10, 11월에 겨울털로 바뀐다.

교미는 3월에 시작되며 여름까지 계속되는 경우가 있다. 임신 기간은 약 54일 정도이며 한 번에 3 내지 9마리, 보통 4 내지 7마리의 새끼를 낳는다.

**분포** 유라시아 대륙, 영국, 지중해의 섬, 우리나라 함북 무산, 연암, 함남 갑산, 삼지연, 북포태산, 백암군, 부전군, 개성.


**대륙족제비(묏족제비; *Mustela sibirica manchurica*)***

**측정치** 몸통 암컷 266 내지 285밀리미터, 수컷 260 내지 460밀리미터, 꼬리 암컷 147 내지 168밀리미터, 수컷 144 내지 210밀리미터, 귀 암컷 11 내지 28밀리미터, 수컷 18 내지 20밀리미터, 뒷발 암컷 31 내지 38밀리미터, 수컷 42 내지 65밀리미터.

**형태**  네 다리는 짧고 꼬리는 길며 수컷이 암컷보다 크다. 입에서 아래턱
부분에 뚜렷한 백색 무늬가 있으나 개체에 따라 무늬가 없는 것도 있다.
겨울털의 경우 털이 길고 선명한 황갈색을 띠지만, 개체에 따라서는 보다
연한 색을 띠기도 한다. 몸 아랫면은 현저하게 연한 색깔이며 얼굴은 약간
회백색을 띤다. 여름털의 경우 더 진한 색을 띠며 색은 연령에 따라서도
다른데 겨울털은 연령이 많을수록, 여름털은 어릴수록 색이 진하다. 또한
북쪽 지방일수록 황색의 정도가 강해지며 남쪽 지방일수록 갈색을 띤다.
**생태**  개체수는 많은 듯하다. 산림 지대의 바위와 돌이 많은 계곡에 살
며, 겨울에는 인가 근처로 내려와서 사람이 살고 있는 집 부근의 창고
속에서도 산다. 죽은 나무 밑, 나무 뿌리 밑, 돌담 사이 구멍에 보금자리를
만든다. 작은 쥐 종류가 주식이며 여름에는 야생 조류의 알이나 새끼,
개구리, 뱀, 곤충류를 잡아먹는다. 또한 물고기, 다람쥐, 토끼를 잡아먹는
경우도 있다. 성질이 거칠어 양계장에 침입하면 모든 닭의 목을 물어뜯어
죽이고 피를 빨아 먹으며, 머리속의 뇌를 먹기도 한다.

무산흰족제비(쇠흰족제비; *Mustela nivalis nivalis*)

만주 지방의 경우, 교미 시기는 2월 말에서 3월 초이며 임신 기간은 8, 9주간이며, 4, 5월 초순에 2, 3마리 드물게는 4마리의 새끼를 낳는다. 그러나 우리나라 북부 지방의 경우, 사육중에 관찰한 바에 의하면 교미 시기는 5월 초에서 6월 초로서 교미 시간은 35분에서 90분 동안 계속되며, 임신 기간은 31 내지 34일이며 4, 7마리의 새끼를 낳는다고 한다. 새끼는 만 1년 뒤에 성적으로 성숙한다. 양육은 암컷이 담당하며 수컷은 단독 생활을 한다.

**분포** 중국 동북 지방, 바루가의 계곡, 삼하 지방, 대흥안령, 다라이놀, 후바이칼, 시베리아, 우리나라 중부 이북, 강원도 장전.

### 족제비(남족제비: *Mustela sibirica coreana*)

**측정치** 몸통 암컷 248 내지 280밀리미터, 수컷 263 내지 355밀리미터, 꼬리 암컷 114 내지 173밀리미터, 수컷 105 내지 205밀리미터, 귀 암컷 19 내지 25밀리미터, 수컷 24 내지 27밀리미터, 뒷발 암컷 45 내지 58밀리미터, 수컷 54 내지 69밀리미터.

**형태** 모습은 대륙족제비와 비슷하지만 털색에서 차이가 난다. 곧 겨울털의 경우 대륙족제비에 비해 약간 암색을 띠는데 몸 윗면, 네 다리, 꼬리는 황색을 띠며, 이마는 거무스레한 갈색, 뺨과 몸 아랫면은 짙은 황토색을 띤다. 입술과 아래턱 사이에 뚜렷한 백색 무늬가 있다.

**생태** 흔히 볼 수 있으며 서식처, 먹이 등은 앞의 2종(대륙족제비, 무산흰족제비)과 같다. 2, 3월에 교미하여 3월에서 5월에 2 내지 10마리의 새끼를 낳는다.

**분포** 만주 길림성, 흑룡주, 연해주, 우수리강 유역, 일본 대마도(한국에서 수입한 것이 도망하여 야생화함), 우리나라 중부 이남의 서울, 청주, 부산, 철원, 양구, 광릉, 설악산.

**비고** 콜베트(Corbet, 1978년)에 의하면 족제비는 대륙족제비의 동의어로 간주되고 있다.

족제비(남족제비; *Mustela sibirica coreana*)

### 제주족제비(*Mustela sibirica quelpartis*)

토마스(Thomas, 1908년)에 의해 제주도에서 잡힌 족제비가 앞의 2아종과는 다른 아종으로 명명되었다. 형태는 대륙족제비, 족제비와 같고 털색에서 차이가 난다. 토마스 이후에는 채집 기록이 없다.

### 담비속(Genus *Martes*)

족제비속과 비슷하지만 주둥이가 길고 뾰족하며, 귓바퀴는 커서 털 밖에 나와 있다. 비경의 윗면은 곧바르며 콧구멍을 완전히 둘러싸 윗입술에 달한다. 위턱의 마지막 어금니는 Y형으로 가늘고 길며 폭은 길이의 약 2분의 1이다. 양 턱의 앞어금니는 각각 4개씩이다.

치식은 $\dfrac{3 \cdot 1 \cdot 4 \cdot 1}{3 \cdot 1 \cdot 4 \cdot 2} = 38$이다.

산달(누른돈: *Martes melampus*)

산달(누른돈: *Martes melampus coreensis*)

**측정치** 몸통 660밀리미터, 꼬리 370밀리미터, 귀 25밀리미터, 뒷발 12.5밀리미터.

**형태** 몸의 형태와 크기는 노란목도리담비와 비슷하다. 몸은 비교적 크며 몸체는 가늘고 길며 다리는 짧다. 꼬리 길이는 몸통 길이의 3분의 2 정도로 검은담비에 비해서 훨씬 더 길다. 머리는 비교적 뾰족하고 귓바퀴는 작고 둥글다. 머리의 털색은 황백색, 목에서 어깨까지는 황색, 뺨과 귓바퀴는 백색, 이마는 붉은색을 띠며 꼬리와 네 다리는 황백색, 발톱은 회백색이다.

**생태** 잡기 어렵고 생태에 관한 자료도 극히 적다. 산골에 있는 나무 구멍에서 살며 나무 위에 있는 일이 많다. 밤에 활동하면서 주로 들쥐, 야생 조류와 그 알을 먹는다. 3월에서 5월경에 1, 2마리의 새끼를 낳는다.

**분포** 우리나라 천안, 광릉, 성환.

검은담비(잘; *Martes zibellina hamgyenensis*)

검은담비(잘; *Martes zibellina hamgyenensis*)*
**측정치** 몸통 312 내지 470밀리미터, 꼬리 120 내지 148밀리미터, 귀
29 내지 35밀리미터, 뒷발 52 내지 70밀리미터.

**형태** 외형은 노란목도리담비와 비슷하지만 그보다 몸이 작고 족제비보
다는 훨씬 크다. 수컷이 암컷보다 크다. 꼬리는 짧으며 북슬북슬하고 그
길이는 몸통 길이의 3분의 1 정도이다. 머리는 좁고 코 끝이 뾰족하며
머리 옆에 붙어 있는 큰 귓바퀴는 끝이 둥근 삼각형이다. 눈은 크고 날카
롭다. 네 발에는 각각 5개의 발가락이 있고 그 끝에는 작으나 날카롭고
약간 아래로 굽은 발톱이 있다. 발가락만으로 걷는다. 모피는 매우 부드럽
고 아름다운 색인데 여름에는 대체로 검은색, 겨울에는 흐린 암갈색으로
계절에 따라 털색에 차이가 난다.

**생태** 관모봉, 포태산 등지에는 개체수가 적지 않다고 한다. 주로 침엽수
림의 나무 구멍이나 바위 구멍에서 살며, 주로 땅 위에서 활동하고 나무
위에 올라가는 일은 적다. 야행성이지만 봄과 여름에는 낮에도 활동하며

주된 먹이는 들쥐, 다람쥐, 청설모 등이며, 그 밖에 우는토끼, 들꿩, 새알 등과 식물질인 다래, 머루, 기타 열매, 잣 등도 먹는다.

교미 시기는 1월경이며, 임신 기간은 263일에서 294일이며 1 내지 4마리의 새끼를 낳는다. 갓나온 새끼는 35일 뒤에야 눈을 뜨며 6개월 반 뒤에 청설모 정도의 크기가 되고 수명은 10년 이상이다. 천적은 대륙목도리담비이다.

**분포**　시베리아, 캄차카, 사할린, 일본 북해도, 우리나라 북부의 양강도 혜산 보천보, 자강도, 함경북도.

### 대륙목도리담비(*Martes flavigula aterrima*)*

**측정치**　몸통 약 600밀리미터.

**형태**　담비속에서 가장 큰 종류이다. 600밀리미터나 되는 몸통은 가늘고 길며 꼬리 길이는 몸통 길이의 3분의 1 정도이다. 네 다리는 짧다. 겨울털의 경우 머리는 광택있는 흑갈색, 목은 백색, 가슴은 금색을 띤 황색, 등의 앞부분은 약간 금색을 띤 황색 털이 섞여 있는 흑갈색, 뒷부분은 흑갈색, 네 다리와 꼬리는 검은색이다.

**생태**　숲이 울창하여 통과하기 어려운 침엽수림에서만 2, 3마리가 무리를 지어 서식한다. 검은담비의 천적이며 너구리, 오소리, 산양, 사향노루, 청설모, 설치류, 야생 조류들을 습격하여 잡아먹고 가을에는 여러 가지 과실, 도토리, 꿀 등도 잘 먹는다.

**분포**　만주 지방, 길림성, 송화강, 목단강, 우수리, 흑룡강, 하바로브스크, 블라디보스톡, 중국, 캐시미르, 네팔, 아샘, 인도, 버마, 모로코, 말레이시아, 대만 등이며 우리나라에는 자세한 기재 없이 북부에 분포한다는 기록이 있을 뿐이다.

### 노란목도리담비(*Martes flavigula koreana*)

**측정치**　몸통 590 내지 635밀리미터, 꼬리 400 내지 410밀리미터, 귀 34 내지 51밀리미터, 뒷발 103 내지 138밀리미터.

**형태** 대륙목도리담비와 함께 담비 종류 가운데에서 가장 큰 종류이다. 몸은 길고 가늘며 꼬리는 몸길이의 3분의 2 정도로 대단히 길고 가늘다. 네 다리는 비교적 짧고 튼튼하며 앞발이 뒷발보다 크고, 네 발에는 각각 5개의 발가락이 있다. 모피는 부드럽고 머리, 얼굴, 네 다리, 꼬리의 털색은 흑갈색이며 귀 뒤로부터 한 줄의 검은 띠가 있다. 목은 담황색이며 몸 윗면은 담연회색으로 여름에는 희어지며, 몸 뒤쪽으로 갈수록 암갈색을 띤다.

**생태** 한국 특산종으로 삼림이 우거진 곳에 산다. 야행성으로 해 뜨기 1시간 전후에 1쌍씩 짝을 지어 계곡 쪽에 나타난다. 2마리가 서로 협력하여 노루를 공격하는데, 1마리는 추격하고 나머지 1마리는 높은 나무 위로 올라가 노루가 달아나는 방향을 살핀다. 성질이 사나우며 먹이는 다람쥐, 청설모, 쥐 종류, 멧토끼, 노루 새끼 등이며 집토끼와 돼지 새끼를 습격하기도 하고, 꿀을 즐겨 먹어 벌통을 습격하기도 한다.

**분포** 우리나라 광릉, 서울 부근, 중부, 설악산, 속리산, 지리산, 경기도 진접면.

**비고** 콜베트(Corbet, 1978년)는 이 아종의 학명을 대륙목도리담비의 학명과 함께 *Martes flavigula flavigula*의 동의어로 간주하고 있다.

## 오소리속(Genus *Meles*)

체격은 곰과 비슷하며 꼬리는 짧아 몸통 길이의 2분의 1 미만이다. 네 다리가 굵고 발톱이 매우 길다. 귀는 작으며 비경은 원반 모양이고 비경 윗면의 중앙부는 뒤쪽으로 돌출되어 있다.

치식은 $\dfrac{3 \cdot 1 \cdot 3(4) \cdot 1}{3 \cdot 1 \cdot 3(4) \cdot 2} = 34$ 또는 38이다.

### 오소리(*Meles meles melanogenys*)

**측정치** 몸통 570 내지 785밀리미터, 꼬리 110 내지 182밀리미터, 귀 34 내지 39밀리미터, 뒷발 86 내지 93밀리미터.

**형태** 몸은 크고 비대하며 얼굴은 원통형이고 주둥이는 뭉툭하다. 털은 거칠고 끝이 가늘며 뾰족하다. 보통 짐승과는 달리 몸 윗면보다 아랫면이 더 어두운 색으로, 몸 윗면에 나 있는 털의 기부(전체 길이의 3분의 2)는 회백색, 그 다음은 검은색, 끝부분은 백색이다. 따라서 몸 윗면은 흑갈색 바탕에 백색의 서리가 온 것처럼 보인다. 몸 아랫면은 연한 갈색을 띤 회백색이고 암수의 크기가 같다.

**생태** 나무가 무성하지 않고 마을에서 멀지 않은 산골짜기에 굴을 파거나 또는 바위 굴을 이용해서 산다. 야행성이며 먹이는 과실, 여러 가지 종자와 감자, 벌과 개미 등의 곤충, 개구리, 쥐 등이다. 11월 말 또는 12월 초부터 동면하지만 따뜻한 날에는 굴 밖으로 나오기도 한다. 교미 시기는 10월경이며 이듬해 5월경에 2 내지 8마리의 새끼를 낳는다. 새끼를 낳은 지 20일 이전에 새끼를 건드리는 경우, 새끼를 잡아먹거나 깔고 앉아 죽여버린다. 죽은 시늉을 잘하는 것도 특징이다.

**분포** 중국, 만주, 티베트, 아무르, 유럽, 일본, 우리나라 북부 및 중부, 철원, 간성, 광릉, 하동, 설악산, 지리산, 제주도 등.

오소리(*Meles meles melanogenys*)

## 수달속(Genus *Lutra*)

몸이 가늘고 길며 꼬리의 밑부분이 굵어 몸통과의 경계가 명확치 않다. 발가락에는 물갈퀴가 있고 앞발의 발톱은 짧다. 귓바퀴는 매우 작고 비경의 윗면 중앙부가 뒤로 돌출되어 있다.

치식은 $\dfrac{3 \cdot 1 \cdot 4 \cdot 1}{3 \cdot 1 \cdot 3 \cdot 2} = 36$이다.

### 수달(*Lutra lutra lutra*)

**측정치** 몸통 645 내지 712밀리미터, 꼬리 390 내지 495밀리미터, 귀 23 내지 28밀리미터, 뒷발 118 내지 134밀리미터.

**형태** 몸은 수중 생활을 하기에 알맞다. 몸통은 매우 길고 굵은 꼬리의 길이는 몸통 길이의 3분의 2 정도이다. 네 다리는 짧고 발가락 사이에 물갈퀴가 있다. 머리는 납작한 원형이며 코는 둥글고 눈과 귓바퀴가 매우 작다. 걸어다닐 때는 발가락 전부가 땅에 닿는다. 몸 전체에 짧은 털이 빽빽하게 나 있고, 겨울털의 경우 몸 윗면은 암갈색, 몸 아랫면은 흐린 회백색이다. 여름털의 경우 몸 윗면은 적갈색, 몸 아랫면은 백색을 띤다.

**생태** 흔한 종류였으나 현재 감소 추세에 있다. 하천이나 호수가에서 살며 물가에 있는 바위 구멍 또는 나무 뿌리 밑이나 땅에 구멍을 파고 사는데, 드나드는 구멍은 물가 쪽으로, 공기 구멍은 땅 위쪽으로 낸다. 사는 곳 주위에는 물고기 뼈가 흩어져 있으므로 사는 곳을 찾기 쉽다. 물속에서의 행동은 빠르지만 다리가 짧아서 땅 위에서의 동작은 느리다. 야행성이며 시각, 청각 특히 후각이 발달되었는데 위험을 느꼈을 때는 물속으로 잠수한다. 먹이는 주로 물고기, 게, 새우이며 여름에는 개구리와 물새도 잡아먹는데, 물새를 잡을 때는 물속으로 헤엄쳐 가서 물에 떠 있는 새의 발을 물고 물속으로 끌고 들어간다. 성질이 온순하여 사육할 경우 사람을 잘 따르며 주인을 물지 않는다고 한다.

교미 시기는 1, 2월이며 임신 기간은 63일에서 70일이며 한 번에 2 내지 4마리의 새끼를 낳는다. 젖먹는 기간은 50일이며 그 뒤에 어미가 새끼를 데리고 구멍 밖으로 나오며, 60일 이후에는 새끼에게 헤엄치는 것을 가르

수달(*Lutra lutra lutra*)

친다. 어린 새끼들은 6개월 동안 어미와 같이 지낸다.

**분포**  캄차카, 사할린, 중국, 만주, 아삼, 히말라야, 북아메리카, 유럽, 우리 나라 북부 및 중부, 부산 장림, 강릉, 지리산.

## 고양이과(Family Felidae)

이 과에는 맹수인 사자, 호랑이, 표범, 삵, 스라소니 등 6속 36종이 속하며 이들은 아프리카, 유럽, 아시아, 아메리카 등에 널리 분포되어 있다. 일반적으로 이들의 머리는 둥글고 몸은 날씬하며 꼬리는 길다. 날카로운 이빨과 발톱은 다른 동물들을 잡기에 알맞게 되어 있고 발가락만으로 걷는다. 앞다리에 5개의 발가락, 뒷다리에 4개의 발가락이 있으며 발톱을 육괴(肉塊) 속에 감출 수 있다. 우리나라에는 고양이속과 범속에 속하는 4종이 알려져 있다.

## 고양이속(Genus *Felis*)

몸통 길이가 1미터가 안 되며(만약 1미터 가까이 된다고 해도 꼬리가 몸통 길이에 비해 매우 짧다). 설치(舌齒)는 골화되었다.

치식은 $\dfrac{3 \cdot 1 \cdot 2(3) \cdot 1}{3 \cdot 1 \cdot 2 \cdot 1}$ =28 또는 30이다.

### 스라소니(*Felis lynx lynx*)*

**측정치** 몸통 840 내지 1,050밀리미터, 꼬리 195 내지 205밀리미터, 귀 67 내지 75밀리미터, 뒷발 200 내지 232밀리미터.

**형태** 고양이처럼 생겼으나 크기는 큰 개만하다. 몸은 뚱뚱한 편이고 귓바퀴의 끝에 붓 같은 센 털이 있다. 꼬리는 자른 듯이 짧다. 전체 몸의 털의 기부는 육계색이나 끝부분은 회갈색에 불명확한 갈색 무늬가 있다. 네 다리의 바깥쪽에도 뚜렷한 무늬가 있으며, 목 아래부터 배 쪽은 거의 백색이고 몸 윗면에서 옆쪽으로는 희끄무레한 색, 꼬리 끝은 검정색이다.

**생태** 높은 산의 밀림 속에서 살며 대개 해 진 뒤와 새벽에 활동한다. 행동은 민첩하며 활동 범위가 넓다. 나무에도 잘 오르고 물은 되도록 피하지만 헤엄도 잘 친다. 먹이는 쥐, 멧토끼, 꿩, 멧닭, 사향노루 등이며 가축을 습격하는 일도 많다.

교미 시기는 2월이며 이때는 2, 3마리의 수컷이 암컷 1마리를 놓고 피를 흘릴 때까지 싸운다. 임신 기간은 9, 10주이며, 한 번에 2 내지 5마리의 새끼를 낳는다. 양육은 암컷이 담당하며 수명은 12 내지 15년이다.

**분포** 중국 동북 지구, 시베리아, 몽고, 티베트, 멕시코, 북미주, 지중해안, 우리나라 북부, 백두산 고지대.

**비고** 학자에 따라 스라소니를 스라소니속(*Lynx*)에 포함시키기도 한다.

스라소니(*Felis lynx lynx*)

삵(살쾡이: *Felis bengalensis euptilura*)

삵(살쾡이: *Felis bengalensis euptilura*)

**측정치** 몸통 450 내지 550밀리미터, 꼬리 250 내지 325밀리미터, 귀 33 내지 42밀리미터, 뒷발 105 내지 122밀리미터.

**형태** 고양이처럼 생겼으나 더 크다. 몸은 길며 꼬리 길이는 몸통 길이의 약 2분의 1, 귓바퀴는 둥글고 눈동자는 수직타원형이다. 털색은 회갈색이며, 황갈색의 뚜렷하지 않은 반점이 세로로 배열되어 있는 것이 특징이다. 이마에는 두 줄로 된 흑갈색의 무늬가 있고, 이 두 줄 사이에 폭이 좀더 넓은 백색의 두 줄이 코 양옆으로부터 두 눈의 안쪽을 지나 이마 양쪽까지 연접되어 있다. 회백색 뺨에는 세 줄의 갈색 줄무늬가 있다.

**생태** 멸종 상태에 놓여 있어 찾아보기 힘든 종류이다. 산림 지대의 계곡, 연안, 관목으로 덮인 산간 개울가에서 주로 살며, 가끔 마을 가까이에서 살기도 한다. 야행성이지만 낮에도 먹이를 찾아다닌다. 먹이는 주로 쥐 종류와 야생 종류이지만, 어린 노루, 꿩새끼, 멧토끼, 청설모, 닭을 잡아먹기도 한다. 교미 시기는 2월 초부터 3월 말이며, 임신 약 2개월 뒤에 2 내지 4마리의 새끼를 낳는다.

**분포** 남부 아시아, 동남 아시아, 중국, 일본 대마도, 우리나라 대구, 광릉, 북부 및 중부, 제주도 등의 산지.

## 범속(Genus *Panthera*)

몸통 길이가 1미터를 넘고(1미터 정도라도 꼬리 길이는 몸통 길이와 거의 같다), 설치(舌齒)는 탄력성을 가진다.

치식은 $\dfrac{3 \cdot 1 \cdot 2(3) \cdot 1}{3 \cdot 1 \cdot 2 \cdot 1}$ —28 또는 30이다.

### 표범(*Panthera pardus orientalis*)

**측정치** 몸통 1,060 내지 1,225밀리미터, 꼬리 700 내지 830밀리미터, 귀 70 내지 97밀리미터, 뒷발 205 내지 291밀리미터(박제 표본 또는 가죽에 의함).

**형태** 호랑이보다 몸의 크기는 작지만 더 길쭉하고 가늘다. 꼬리는 가늘

표범(*Panthera pardus*)

며 몸통 길이의 2분의 1보다 길다. 머리는 크고 둥글며 귓바퀴는 둥글고 짧으며, 코는 약간 뾰족하고 눈은 둥글고 목은 짧다. 털색은 일반적으로 황색 또는 황적색으로 몸체, 네 다리 및 꼬리에 검은 점무늬가 산재해 있다. 허리 부분과 몸 옆면의 무늬에는 중앙에 담황갈색 털이 나 있어 엽전처럼 보인다.

**생태** 남한에서는 거의 멸종된 상태이다. 대개 고산 지대의 산림 속에서 살며 높지 않은 바위 산에서는 바위 굴에서 산다. 해 진 뒤나 새벽에 활동하며 나무도 잘 타며 사향노루, 노루, 멧돼지 새끼, 멧토끼 등을 잡아먹고, 먹이가 부족하면 꿩 등 야생 조류나 쥐 종류도 먹는다. 교미 시기는 겨울 또는 봄이며, 임신 약 100일 뒤에 1 내지 5마리의 새끼를 낳는다. 새끼는 태어난 지 2, 3년이면 성적으로 성숙한다.

호랑이(범: *Panthera tigris*)

**분포** 이란, 아라비아 남서부, 알제리아, 코카서스, 중국 동북 지방 길림성, 시베리아, 아무르, 우수리, 우리나라 북부 및 중부, 광릉, 지리산, 설악산, 오대산, 전남 천태산, 묘향산, 황해도 수안군 수국면, 평안북도, 함경남도.

**비고** 학자에 따라 표범을 고양이속(*Felis*)에 포함시키기도 한다.

### 호랑이(범; *Panthera tigris altaica*)*

**측정치** 몸통 1,730 내지 1,860밀리미터, 꼬리 870 내지 970밀리미터, 귀 100밀리미터, 뒷발 310밀리미터.

**형태** 우리나라에 서식하고 있는 맹수 가운데에서 가장 큰 종류이다. 머리가 크고 네 다리가 튼튼하고 강대하며 꼬리 길이는 몸통 길이의 2분의 1정도이다. 귓바퀴는 짧고 둥글다. 몸 윗면은 선명한 황갈색이고 24개의 검은 가로무늬 줄이 있다. 아랫면의 털색은 전반적으로 백색이며 윗면보다 연한 색의 가로무늬 줄이 있다. 꼬리의 색은 연한 황갈색이며, 여덟 줄의 검은 고리 모양의 가로무늬가 있다.

**생태** 남한에서는 멸종되었다고 본다. 높은 산의 밀림 지대에서만 살며 주로 해 진 뒤나 새벽에 활동한다. 먹이는 주로 멧돼지이며 노루, 산양, 곰, 사슴 등이 살고 있는 곳에 대기하고 있다가 덤벼들어 잡아먹는다. 여름부터 가을에는 여러 가지 풀, 도토리, 과실, 머루, 다래 같은 것도 먹고 때때로 냇가의 물고기도 잡아먹는다. 한번 배불리 먹으면 오랫동안 굶는 습성이 있으며, 나무에도 잘 기어오르고 헤엄도 잘 친다. 교미 시기는 12월에서 3월 사이이며 임신 기간은 98일에서 110일이며 한 번에 2 내지 4마리의 새끼를 사람이 접근하기 어려운 바위 굴에 낳는다. 태어난 지 4년이 되면 성적으로 성숙하며, 수명은 40 내지 50년이다(문헌에 따라서는 15 내지 17년이라고도 한다).

**분포** 중국 동북 지구 만주 지방, 길림성, 송화강, 목단강, 우수리, 우리나라(현재는 함경남북도에만 소수가 서식하고 있다).

**비고** 학자에 따라 호랑이를 고양이속(*Felis*)에 포함시키기도 한다.

# 소목(우제목 ; Artiodactyla)

　우제류에는 멧돼지, 사향노루, 고라니, 사슴, 노루, 산양 등 9과 82속이 속해 있으며 이들은 아시아, 아프리카, 아메리카, 유럽에 널리 분포되어 있다. 호주와 뉴질랜드에는 서식하고 있지 않았지만 최근에 도입되어 번식하고 있다. 우제류와 많이 닮은 종류로는 말과 당나귀류가 속해 있는 기제류(Perissodactyla)가 있는데, 예전에는 우제류와 함께 유제목에 포함되어 있었다. 그러나 기제류는 우제류와는 그 계통이 매우 다르다고 인정되어 독립된 목으로 취급되고 있다.

　우제류에 속하는 종류들이 가지는 특징은 일반적으로 다리가 길고 발가락 끝이 각질 발굽으로 덮여 있으며 또한 네 발에 있는 제3, 4발가락이 모두 발달하여 몸의 중심이 이 발가락들에 의해서 지지되고 있고, 제2, 5발가락은 불완전하거나 퇴화되어 있는 점이다.

　대부분의 우제류들은 반추류로서 많은 양의 식물성 먹이를 먹고 되새김질을 한다. 위는 유위, 벌집위, 엽위, 추위의 네 부분으로 나뉘어 있으나 이 가운데 마지막 위인 추위만이 진정한 위액성 기관으로 소화 효소가 방출된다. 그러나 잡식성인 멧돼지류와 같이 되새김질을 하지 않는 종류는 단순한 위를 가지고 있다.

　우제류의 암수 구별은 동물의 크기에 의존하는데 보통 수컷이 더 크다. 또한 수컷은 뿔을 가지기도 하는데 뿔이 있는지 없는지, 있다면 뿔 속이 차 있는지 비어 있는지에 따라서 몇 개의 과로 나뉜다. 곧 뿔이 없는 멧돼지과와 사향노루과, 속이 차 있는 뿔(antler)을 가진 사슴과, 속이 비어 있는 뿔(horn)을 가진 소과로 나뉜다. 속이 찬 뿔과 속이 빈 뿔은 구조상으로도 다를 뿐만 아니라 발생학적으로도 매우 다르다. 사슴과의 뿔은 수컷에게만 있으며 가지를 치는데, 주기적으로 떨어지고 또다시 자라난다.

곧 오래된 뿔이 떨어져 나간 뒤에 골성의 결합 조직이 분열하여 천천히 자라는데, 새로운 뿔은 혈관과 신경이 풍부한 벨벳이라고 불리는 섬세한 피부 조직으로 덮여 있다. 뿔의 성장이 중지되면 곧 골화되어 양분 공급이 중단되며 벨벳은 마르기 시작하는데, 수사슴은 뿔을 나무에 비벼 마른 벨벳을 제거해 버린다.

이에 비해 소 종류의 뿔은 크기는 다르지만 암수 모두에 있으며 가지를 치지 않는다. 뿔은 또한 영구적 조직으로 해마다 떨어지거나 변하지 않는데, 그 조직은 피부 구성물이 변형되어 생성된 것이다.

우제류의 어린 새끼는 태어나자마자 곧 걸을 수 있고 몇 시간 이내에 달릴 수 있다. 이와 같이 발육이 좋은 상태로 태어난다는 것도 우제류의 특징이다. 우리나라에는 멧돼지과, 사향노루과, 사슴과, 소과에 속하는 6속 7종 3아종이 서식하고 있다.


# 멧돼지과(Family Suidae)

이 과에는 5속 약 9종이 포함되어 있는데 이들은 아시아, 아프리카, 유럽과 남북아메리카에 널리 서식하고 있다. 머리는 길고 주둥이의 끝은 넓어져서 자른 듯이 편평하며 그 안에 콧구멍이 있다. 삼각형의 송곳니는 입술 밖으로 나와 위로 구부러져 있다. 네 발에는 각각 4개의 발가락이 있는데, 발굽이 큰 가운데 두 발가락인 제3, 4발가락으로 걸으며 발굽이 작은 바깥쪽 두 발가락인 제2, 5발가락은 땅에 닿지 않는다. 치식은 $\frac{3 \cdot 1 \cdot 4 \cdot 3}{3 \cdot 1 \cdot 4 \cdot 3}$ =44이지만, 위턱의 제3앞니와 아래턱의 제1앞어금 니가 없어진 경우도 있으며, 수컷의 송곳니가 암컷의 송곳니보다 더 크다. 우리나라에는 멧돼지속에 속하는 1종 1아종이 서식하고 있다.

## 멧돼지속(Genus *Sus*)

치식은 $\frac{3 \cdot 1 \cdot 4 \cdot 3}{3 \cdot 1 \cdot 4 \cdot 3}$ =44이다.

### 대륙멧돼지(백두산멧돼지: *Sus scrofa ussuricus*)*

**측정치** 몸통 1,075 내지 1,350밀리미터, 꼬리 114 내지 215밀리미터, 귀 69 내지 115밀리미터, 뒷발 233 내지 295밀리미터, 어깨 높이 540 내지 950밀리미터.

**형태** 겉모양은 돼지와 비슷하나 몸이 더 크다. 머리는 긴 원추형이며 뚜렷한 경계 없이 짧고 굵은 목과 붙어 있다. 삼각형인 귓바퀴는 빳빳하게 일어서 있고 눈이 매우 작고 다리는 굵고 짧다. 몸은 빳빳하고 끝이 둘로 갈라진 털로 덮여 있고 몸 윗면에는 갈기와 같은 털이 나 있다. 털색은 대회갈색(帶灰褐色)이며 몸 윗면, 꼬리, 다리의 아래쪽 반과 발톱은 검은 색이다. 어린 새끼의 털색은 불그스레한 갈색이며 암색의 선명한 줄이 앞뒤로 있다.

**생태** 주로 고산 지대 산림 속에 사는 흔한 종류이며, 해 질 때와 해 뜰 무렵에 활동한다. 잡식성으로 고사리 뿌리, 도토리, 과실을 좋아하고 겨울 에는 나무 뿌리를 캐어 먹는다. 죽은 동물, 곤충의 번데기, 지렁이도 잘 먹는다. 가을에는 감자, 고구마 등의 농작물을 캐어 먹어 농사에 피해를 준다. 북쪽 경사지에 마른 풀, 바위 이끼, 어린 나뭇가지를 모아 놓은 큰 집채만한 크기의 보금자리를 만들어 겨울을 난다. 겨울에는 집단 생활을 하지만 봄부터 가을까지는 단독 생활을 한다. 그러나 2살 정도의 어린 새끼들은 계속 집단 생활을 한다. 교미 시기는 11월 말 또는 12월 초순이며, 임신 약 112일 뒤인 3월 말에서 4월 초에 4 내지 6마리의 새끼를 낳는다.

**분포** 중국 동북 지방, 길림성, 만주, 소련 아무르강 유역, 연해주, 우리나라 함경도.

멧돼지(*Sus scrofa coreanus*)
**측정치** 몸통 1,135 내지 1,500밀리미터, 꼬리 100 내지 230밀리미터, 귀 80 내지 125밀리미터, 뒷발 200 내지 270밀리미터.

멧돼지(*Sus scrofa*)

**형태**  수컷의 머리뼈 길이가 약간 짧은 점(400밀리미터 미만)을 제외하고는 대륙멧돼지(머리뼈 길이 400밀리미터 이상)와 구별하기 어렵다.

**생태**  산지에 사는 흔한 종류이며 일반적인 생태는 대륙멧돼지와 비슷하다. 바람이 없고 햇볕이 잘 드는 따뜻한 남향을 좋아하며 수목이 우거진 곳이나 잡초가 무성한 곳에 땅을 파고 낙엽을 모아 보금자리를 만든다. 교미 시기는 12월에서 1월 사이이며 교미 시기에는 암컷 1마리가 수컷 여러 마리를 거느리고 산다. 임신 4개월 뒤인 5월에 7 내지 13마리의 새끼를 낳으며 새끼의 양육은 암컷이 담당한다.

**분포**  우리나라 전지역의 깊은 산(안주, 덕천, 철원, 여주, 하동, 부산, 칠곡, 팔공산, 가야산, 경주, 영일군, 지리산).

**비고**  콜베트(Corbet, 1978년)는 대륙멧돼지와 멧돼지의 학명을 모두 *Sus scrofa scrofa*의 동의어로 간주하고 있다.


# 사향노루과(Family Moschidae)

이 과에는 단일 속인 사향노루속의 3종이 속해 있으며, 이들은 북부, 중앙 및 동부 아시아의 산림 지역에 서식하고 있다. 학자에 따라서는 사향노루를 사슴과의 사향노루아과에 포함시키기도 한다.

사향노루는 사슴과의 고라니와 비슷하지만 더 작다. 암수 모두 뿔이 없고, 수컷에는 위턱에 잘 발달된 송곳니가 있고, 사향선이 있다는 점에서 사슴과의 다른 종류들과는 다르다. 우리나라에는 사향노루속에 속하는 1종이 서식하고 있다.

### 사향노루속(Genus *Moschus*)

치식은 $\dfrac{0 \cdot 1 \cdot 3 \cdot 3}{3 \cdot 1 \cdot 3 \cdot 3} = 34$이다.

사향노루(*Moschus moschiferus moschiferus*)

**측정치**  몸통 650 내지 870밀리미터, 꼬리 30 내지 40밀리미터, 귀 75 내지 105밀리미터, 뒷발 230 내지 260밀리미터, 어깨 높이 약 500밀리미터.

**형태**  외부 형태는 고라니와 비슷하며, 수컷에서는 약 50밀리미터나 되는 송곳니가 입 밖으로 약간 나와 있다. 그러나 몸의 크기와 발굽이 작고 네 다리가 짧으며, 매우 짧은 꼬리는 겉에서 잘 보이지 않는다. 몸의 색상 또한 짙어 몸 윗면은 암흑갈색을 띤다. 목 뒤에서 허리에 걸쳐 유백색의 무늬가 섞여 있고, 몸의 아랫면은 갈색과 백색이 섞여 있다. 두 눈 주위, 양 뺨, 귓등 부분의 털 끝은 희므로 희끄무레하게 보이며, 아래턱 아래는 회백색, 귓속은 순백색이다. 백색 줄이 두 눈으로부터 목의 좌우, 앞가슴을 지나 앞다리 안쪽까지 내려가 있다. 꼬리는 대체로 암흑갈색이지만 아랫부분에는 백색이 섞여 있다.

**생태**  절종 위기에 있는 종류이다. 바위가 많고 1,000미터 이상 되는 높은 산의 침엽수림 또는 침활 혼성림에서 산다. 먹이는 주로 지의류이며 초본, 관목, 교목들의 어린 싹과 잎, 각종 열매를 먹는다. 험한 바위 사이나 눈 위에서도 잘 뛰며 시각과 청각이 잘 발달되었으며 겁이 많다. 교미 시기는 12월 상순부터 1월 상순이지만 수컷은 암컷을 11월 하순부터 추적한다. 이 시기에는 수컷에 사향선이 발달하여 향기가 나는데, 이는 암컷을 유인하기 위한 것으로 알려져 있다. 교미가 끝나면 암수는 각각 헤어지며 암컷은 어린 새끼와 같이 산다. 임신 기간은 5, 6개월이며 한 번에 1, 2마리의 새끼를 낳는다.

**분포**  만주, 동부 시베리아, 아무르, 우수리, 우리나라 목포, 인제, 평남 덕천, 영원, 평북 영변, 묘향산, 천마산, 자강도, 양강도, 함경남북도, 개성 등(목포에서 백두산에 이르기까지 전국의 산지에 분포되어 있었으나 그 수가 현저히 줄어들어 현재는 찾아보기 힘들다).

사향노루(*Moschus moschiferus*)

# 사슴과(Family Cervidae)

이 과에는 노루와 사슴류가 속해 있는데, 17속 약 53종이 아시아, 아메리카, 아프리카 전대륙, 지중해 섬들, 말레이 군도, 필리핀, 일본 등지에 서식하고 있다. 목은 굵고 주둥이가 길고 뾰족하며, 눈은 크고 귓바퀴는 좁고 길며 위로 향해 있다. 고라니를 제외한 사슴과의 수컷들은 매년 다시 돋아나는 골질의 뿔을 가진다. 다리는 가늘고 길며 뒷다리가 잘 발달되어 있다. 네 발에는 각각 4개씩의 발가락이 있는데 제3, 4발가락이 잘 발달되어 체중을 지탱해 주며 제2, 5발가락은 잘 발달되지 않아 땅에 닿지 않는다. 몸은 털로 덮여 있는데 겉털은 가늘고 곧으며, 겨울에 잘 발달하는 속털은 꼬불꼬불하고 부드럽다. 우리나라에는 3속 4종 2아종이 서식하고 있다.

## 사슴속(Genus *Cervus*)

수컷에만 뿔이 있으며, 뿔의 원줄기는 바깥 위쪽으로 뻗었고 그 앞면에 가지가 돋는다. 엉덩이에는 백색 또는 황갈색의 반점이 있으며 꼬리는 겉에서 보인다. 치식은 $\dfrac{0 \cdot 1 \cdot 3 \cdot 3}{3 \cdot 1 \cdot 3 \cdot 3} = 34$이다.

### 대륙사슴(*Cervus nippon mantchuricus*)

**측정치** 어깨 높이 915.3밀리미터.

**형태** 우수리사슴보다 작고, 여름털은 연한 분홍밤색으로 몸 윗면과 양 옆구리에는 붉은 황색의 반점이 있으며 엉덩이의 백색 반점은 비교적 작다. 겨울털은 한 가지 색채로서 몸통은 암갈색이다.

**생태** 전혀 조사된 바 없다.

**분포** 북만주의 길림성, 목단강, 송화강 상류, 우리나라(제주도에서는 이미 멸종되었다고 한다).

**비고** 콜베트(Corbet, 1978년)는 대륙사슴을 우수리사슴과 같은 아종으로 간주하고 있다.

대륙사슴(*Cervus nippon*)

우수리사슴(*Cervus nippon hortulorum*)*

**측정치**  몸통 1,590밀리미터, 꼬리 140밀리미터, 귀 150밀리미터, 뒷발 450밀리미터, 어깨 높이 920 내지 1,100밀리미터.

**형태**  노루보다는 크다. 백두산사슴(누렁이)보다는 크기가 훨씬 작고 수컷 뿔의 제2가지가 제1가지와 떨어져 있고, 엉덩이의 반점이 백색인 점이 백두산사슴과 다르다. 몸의 반점은 겨울보다 여름에 더 많다. 여름털은 성기고 짧으며 일반적으로 초콜릿 갈색이다. 얼굴은 연한 황갈색, 양쪽 뺨은 연한 회황갈색, 턱 밑은 거의 회백색, 아랫목에서 앞가슴은 연한 회황색이다. 등과 옆면은 황갈색이며 꼬리까지 희미한 흑갈색 줄이 있고 윗목에서 등 그리고 목 옆부분에 백색 점무늬가 줄지어 있다. 꼬리의 윗면은 흑갈색, 아랫면은 백색, 네 다리 표면은 황갈색이다. 겨울털은 빽빽하고 길며 일반적으로 밤갈색이지만 몸 앞부분은 누런빛이 많고, 뒷부분은 짙은 갈색이 많다.

**생태**  북한 지방에서는 이 종의 포획을 법으로 금하고 있다. 사람의 자취가 드문 산에서 군집 생활을 하는데, 밀림과 바위 산에서는 볼 수 없고 산림 기슭의 풀밭에서 산다. 겨울에는 눈이 적게 덮인 양지 쪽에서 살며, 봄과 가을에는 나무가 드문 초원, 여름에는 나무 그늘이 많고 즙액이 풍부한 초원에서 살며, 소금기가 있는 곳을 찾아간다. 아침과 저녁에 활동하며 먹이는 주로 풀, 나뭇잎, 연한 싹, 나무 껍질, 도토리, 이끼, 버섯류이다. 어린 개체에서는 3월에, 성숙한 개체에서는 1, 2월에 뿔이 빠지며 3월에 다시 볏짚 색깔의 새 뿔이 나오는데, 이 시기의 뿔은 벨벳과 같은 껍질로 덮여 있고 4월에서 8월에 걸쳐 자란다.

군집 생활을 하지만 수컷은 대각이 성장하는 시기에는 단독 생활을 하며 교미기에 다시 새끼들과 함께 사는 암컷들과 합친다. 교미 시기는 9, 10월이며 이때 수컷들 사이에는 격렬한 싸움이 벌어진다. 임신 기간은 8개월이며 5, 6월에 보통 1마리, 드물게 2마리의 새끼를 낳는다. 새끼는 2년 뒤에 번식 능력이 생긴다.

**분포**  우수리 지방, 만주 동북 지방, 우리나라 함경남북도.

백두산사슴(누렁이: *Cervus elaphus xanthopygus*)*

**측정치**  몸통 1,870밀리미터, 꼬리 120밀리미터, 귀 212밀리미터, 뒷발 530밀리미터, 어깨 높이 1,240밀리미터.

**형태**  우리나라에 서식하는 사슴 가운데 가장 큰 종류이다. 뿔의 제2가지는 제1가지에 가까이 돋아 있고, 엉덩이의 반점은 황갈색인 점이 대륙사슴이나 우수리사슴과 다르다. 뿔의 제1가지는 일반적으로 길어 가장 짧은 제2가지의 3배나 되며 제4가지는 그리 크지 않고 끝이 게의 집게발 모양이다. 겨울털의 경우 털이 길고 빽빽하게 나 있으며 속털이 있다. 몸 윗면은 황갈색이며 앞가슴에서 배까지는 연한 황회백색, 네 다리는 암갈색이며 이마, 뺨, 주둥이 및 귓등은 암갈색, 귓속은 백색이다. 암컷에서는 흑갈색 줄무늬가 머리 부분에서 뒷목의 정중선을 지나 어깨 부분까지 뻗어있다. 여름털의 경우 속털이 없으나 털색은 겨울털과 거의 비슷하다.

**생태**  북한 지방에서는 법으로 이 종의 포획을 금하고 있다. 인가에서 멀리 떨어진 밀림에서 살며, 계절에 따라 먹이가 다르므로 서식지가 바뀐다. 겨울에는 일반적으로 큰 산맥에서 작은 산맥으로 내려와 산림이 우거진 북쪽 경사지나 계곡에서 살며 마른 풀, 선버들의 어린 싹, 연한 나뭇가지 등을 먹는다. 봄이 되면 남쪽의 경사지에 나타나 낮에는 햇볕이 잘 드는 남쪽 산림 지대에서 마른 풀을 먹는다. 여름에는 밀림의 북쪽 경사지로 이동하며, 큰 산맥을 따라 산 정상으로 올라가서 산열매와 버섯을 먹는다. 가끔 저녁 때 염습지(鹽濕地)에 나타나 아침까지 염토(鹽土)를 핥으며 씹기도 한다. 3월 하순 내지 4월 하순경에 수컷의 낡은 뿔은 떨어지고 새로운 뿔이 나기 시작한다.

교미 시기는 초가을로 9월 초부터 10월 초에 걸쳐 수컷이 암컷을 추적한다. 5, 6월에 1마리의 새끼를 낳으며, 새끼는 어미 사슴과 같이 지내다가 교미 시기에는 어미를 떠나 지난해에 태어난 새끼 사슴과 지내게 된다. 어미는 교미가 끝나면 다시 자기 새끼를 찾아 이듬해 봄 출산 시기까지 같이 지내게 된다.

**분포**  중국의 동북부 및 북부, 우리나라 백두산 일대, 남·북포태산, 백암.

백두산사슴(누렁이; *Cervus elaphus*)

### 고라니속(Genus *Hydropotes*)

고대형(古代型) 사슴이다. 몸은 사슴과 종류 가운데에서 가장 작고 사향노루보다는 약간 크다. 암컷과 수컷에 다 뿔이 없고, 수컷의 경우 잘 발달된 위턱의 송곳니가 내리드리워져 있어, 입 밖으로 약간 나와 있다. 치식은 $\dfrac{0 \cdot 1 \cdot 3 \cdot 3}{3 \cdot 1 \cdot 3 \cdot 3} = 34$이다.

고라니(복작노루: *Hydropotes inermis*)

고라니(복작노루: *Hydropotes inermis argyropus*)

**측정치** 몸통 1,020 내지 1,120밀리미터, 꼬리 80밀리미터, 귀 90 내지 100밀리미터, 뒷발 267 내지 270밀리미터, 어깨 높이 515 내지 570밀리미터.

**형태** 수컷의 경우 50 내지 60밀리미터나 되는 송곳니가 입 밖으로 약간 나와 있는 점이 사향노루와 비슷하지만 좀 크다. 노루보다는 훨씬 작고, 암수에 뿔이 없으므로 뿔이 있는 수노루와는 쉽게 구별된다. 네 다리는 가늘고 길며 각 발에는 4개의 발가락이 있으나 제2, 제5발가락은 높이 붙어 있어 땅에 닿지 않는다. 겨울털은 물결 모양의 긴 털로서 빽빽하게 나 있으며, 몸 윗면의 털색은 기부부터 회백색, 흑갈색, 담적갈색의 순서이며 가슴에서 배 그리고 뒷다리 안쪽은 황백색, 어깨, 다리 및 꼬리는 밤갈색이다. 여름털은 바늘같이 곧고 짧으며 성글게 나 있다. 어린 새끼의 몸에는 네 줄로 된 백색의 작은 점무늬가 세로로 열을 지어 있다.

**생태** 야산의 중턱 이하 곧 산기슭이나 강기슭, 버들밭, 억새가 무성한 황무지, 풀숲 등에서 살며 계절에 따라 사는 장소를 옮긴다. 봄에는 경작지와 가까운 풀숲에서, 여름에는 버들밭이나 그늘진 냇가에서 산다. 가을에는 풀숲, 버들밭, 곡식 낟가리 속에서 발견되며, 겨울에는 양지바른 논둑 위에 누워 있는 것을 볼 수 있다. 3월 말부터 6월 말경에 여름털로 갈리고 8월 10일경부터 10월 중순에 걸쳐 겨울털로 갈린다. 먹이는 연한 풀이며 겨울에는 나뭇가지 끝이나 보리의 연한 끝을 잘라 먹는다. 물을 좋아하여 하루에 보통 두 번은 물가에서 물을 먹고, 헤엄도 친다. 교미 시기는 12월이며 이듬해 6월 상순에 2 내지 6마리의 새끼를 낳는다(보통은 3, 4마리).

**분포** 우리나라 고유 아종으로 평북 장성, 초산, 평남 개천 등 북부 지방과 금강산 일대, 오대산, 설악산, 태백산을 거쳐 경주, 포항에 이르는 척추산맥에 있다. 이 밖에 목포, 평강, 안주, 하동, 단양, 강화도 등 전국적으로 야산에 서식하고 있다.

## 노루속(Genus *Capreolus*)

뿔은 수컷에만 있으며 밑동에서 약간 높은 위치에 가지가 돋아 있다. 꼬리는 겉에서 보이지 않는다. 치식은 $\dfrac{0 \cdot 0 \cdot 3 \cdot 3}{3 \cdot 1 \cdot 3 \cdot 3} = 32$이다.

### 큰노루(백두산노루; *Capreolus capreolus pygargus*)*

**측정치** 몸통 1,024 내지 1,383밀리미터, 꼬리 13 내지 36밀리미터, 귀 125 내지 141밀리미터, 뒷발 230 내지 384밀리미터, 어깨 높이 575 내지 760밀리미터.

**형태** 몸은 크고 길이 270 내지 350밀리미터인 좌우의 뿔은 각각 3개의 가지로 나뉘어져 있다(6尖). 겨울털은 거칠고 물결 모양이며 부스러지기 쉽다. 몸 윗면은 황회갈색으로 흑색의 작은 반점이 있고, 엉덩이의 백색 반점은 겨드랑이 부분까지 연결되어 있다. 여름털은 가늘고 잘 부스러지지 않는다. 몸 윗면과 목은 황갈색, 배는 황백색, 머리는 갈색이다. 엉덩이의 반점은 선명한 갈색으로 변하여 주위 부분의 털과 구분되지 않는다.

**생태** 사는 곳이 다양하여 울창하지 않은 혼성림, 활엽수림, 초원, 늪, 골짜기, 산비탈, 강 언덕의 숲 등에서 산다. 식성은 사슴류와 비슷하다. 교미 시기는 9월 초순경으로 1마리의 수컷이 2, 3마리의 암컷을 쫓아다니며 굵은 목소리로 "케욱케욱" 하는 소리를 지른다. 6월경에 1 내지 3마리의 새끼를 낳으며, 암컷은 어린 새끼들과 적은 무리를 지어 살지만 수컷은 단독 생활을 한다.

**분포** 시베리아, 알타이, 중국 동북 지방, 우리나라의 백두산 일대와 함경북도.

### 노루(*Capreolus capreolus bedfordi*)

**측정치** 몸통 1,053 내지 1,160밀리미터, 꼬리 15 내지 18밀리미터, 귀 126 내지 138밀리미터, 뒷발 316 내지 380밀리미터, 어깨 높이 약 650밀리미터.

큰노루(백두산노루; *Capreolus capreolus pygargus*)의 새끼

노루(*Capreolus capreolus bedfordi*)

**형태** 백두산노루와 비슷하지만 약간 작고, 뿔의 길이도 170 내지 220 밀리미터로 짧으며, 뿔의 돌기가 매우 짧고 가는 점에서 다르다. 겨울털은 연피(軟皮)점토색이며 엉덩이의 백색 반점은 크다. 여름털은 황적갈색이며 엉덩이 반점은 붉은색을 띤다.

**생태** 높은 산 또는 야산의 산림 지대에 서식하며 주로 음지를 선택하여 서식하는 특성이 있다. 겨울에는 눈 위에서 자기도 하는데 이처럼 음지나 한지에서 서식하는 이유 가운데 한 가지는, 노루 등에 서식하는 등애의 유충에 의한 가려움을 피하기 위해서이다. 곧 온도가 높아지면 유충의 활동이 활발해지므로 가려움을 참기 어렵게 된 노루는 음지를 선호하게 된다. 해 진 뒤나 새벽에 활동하며 주로 연한 풀을 먹고 겨울에는 마른 풀이나 나무의 순을 먹는다. 수컷의 경우 만 1년이 되면 뿔이 나기 시작하며 만 3년 만에 가지가 돋는다. 매년 12월에 뿔이 떨어지고 이듬해 1월 초에 다시 돋는다. 교미 시기는 10월이며 이듬해 6월에 2마리의 새끼를 낳는다.

**분포** 중국 화북 지방, 산서성, 만주 동부 지방, 우리나라 백두산, 함경북도 및 울릉도를 제외한 전지역.


# 소과(Family Bovidae)

소과에는 49속 115종에 달하는 매우 다양한 동물이 포함되어 있으며, 오스트레일리아와 뉴질랜드를 제외한 구세계와 신세계에 널리 서식하고 있다. 일반적으로 소과 동물의 암컷과 수컷에는 평생 갈리지 않고 가지를 치지 않는 뿔이 있으며, 이 뿔의 속은 각수로 엉성하게 채워져 있으나, 겉은 치밀한 각질초로 싸여져 있고 몸의 크기는 다양하다. 네 발에 있는 각각 4개씩의 발가락 가운데 제3, 4발가락이 체중을 지탱하며 제2, 5발가락은 불완전하거나 아주 없는 경우도 있다. 우리나라에는 산양속에 속하는 1종이 서식하고 있다.

## 산양속(Genus *Nemorhaedus*)

몸이 염소보다 크며, 다리도 염소보다 굵다. 길지 않고 뒤로 약간 굽은 뿔은 암컷과 수컷에 다 있다. 엉덩이에는 백색 반점이 없다. 앞, 뒷다리의 발굽 사이에 현저한 선(腺)이 있으며, 안하선(眼下腺)도 확실하다. 꼬리는 매우 짧다. 치식은 $\frac{0 \cdot 0 \cdot 3 \cdot 3}{3 \cdot 1 \cdot 3 \cdot 3} = 32$이다.

### 산양(*Nemorhaedus goral caudatus*)

**측정치** 몸통 1,150 내지 1,295밀리미터, 꼬리 112 내지 150밀리미터, 귀 120 내지 130밀리미터, 뒷발 300밀리미터, 어깨 높이 650밀리미터.
**형태** 뿔의 길이는 약 132밀리미터이다. 목은 짧고 다리는 굵고 끝이 뾰족한 발은 작다. 겨울털은 부드러우며 빽빽하게 나 있고 대부분의 몸체의 털은 회갈색이지만 일부 털의 끝은 담흑갈색이다. 이마와 뺨의 털은 기부부터 암회갈색, 회백색, 흑색으로 거뭇거뭇하게 보인다. 귓속은 백색, 귓등은 회갈색, 귀 밑은 암갈색이다. 이마에서부터 귀 사이를 지나 목에 이르기까지 갈기와 같이 검은 털이 줄을 지어 나 있다. 앞목에는 흐린 백색 무늬가 있고 몸 윗면의 앞부분, 양쪽 어깨, 앞가슴의 털은 거무스레하다. 아랫배와 항문 주위, 허벅다리 뒤쪽은 백색의 긴 털로 덮여 있으며, 양쪽 앞다리 무릎부터 밑으로는 흑갈색 무늬가 있다. 꼬리에는 갈색 털이 약간 섞여 있으나 백색의 긴 털이 대부분이다. 발과 뿔은 검정색이다.
**생태** 우리나라에서는 멸종 위기에 있는 동물이다. 가파른 바위가 있거나 다른 동물이 접근하기 어려운 험한 산악 산림 지대에서 서식한다. 가끔 그리 높지 않은 산록 경작지에 내려오는 일도 있지만, 서식지에서 멀리 가지 않고 일정한 장소에서 서식한다. 2 내지 5마리가 군집을 형성하여 바위 사이나 동굴에서 생활하며 주로 새벽과 저녁에 활동한다. 풀, 산열매, 도토리, 바위 이끼, 진달래와 철쭉의 잎 등을 잘 먹는다. 교미 시기는 9, 10월이며, 임신 7개월 뒤인 이듬해 4월에서 6월 사이에 1 내지 3마리의 새끼를 낳는다.

산양(*Nemorhaedus goral*)

**분포** 중국 동북 지방, 아무르, 우수리, 흑룡강 유역, 우리나라(강원도 유진면, 설악산, 오대산, 대관령, 태백산 일대에 살고 있었으나 근래 들어 관찰 예가 매우 드물다. 1992년 4월 강원도 간성에서 관찰된 바 있다. 북한에서는 평북 천마산, 묘향산, 구성 천진산, 평남 영원, 황해도 곡산, 함경북도, 함경남도 고산지에서 서식하고 있다).

# 참고 문헌

Abe, Y. 'On the Korean and Japanese wolves' Jour. Sci. Hiroshima Univ. Ser. 13, Div. 1, (1):33–37, 1930.

Allen, J. A. and R. C. Andrew 'Mammals collected in Korea' Bull. Amer. Mus. 32: 327–436, 1913.

安藤光一 '核型進化から見た翼手類の系統分類' 日本 九州大學 博士學位論文, 1982.

Corbet, G. B. 「The mammals of the Palaearctic region: a taxonomic review」 British Mus. (Nat. Hist.) Cornell University Press, pp. 314, 1978.

Ellerman, J. R. and T. C. S. Morrison-Scott 「Checklist of Palaearctic and Indian Mammals 1758 to 1946」 British Museum (Nat. Hist), 1951.

Giglioli, H. H. and T. Salvadori 'Brief notes on the fauna of Corea and the adjoining coast of Manchuria' P. Z. S. London, pp. 580, 1887.

Imaizumi, Y. 'Systematic notes on the Korean and Japanese bats of Pipistrellus savii group' Bull. Nat. Sci. Mus. 2: 54–63, 1955.

Honacki, J. H., K. E. Kinnam and J. W. Koeppl 「Mammal Species of the World」 Allen Press, Inc and the Association of Systematics Collections, Lawrence, Kansas, U. S. A., 1982.

今泉吉典 「日本哺乳動物圖說」 上券, 新思潮社, 1970.

Imaizumi, Y. and M. Yoshiyuki 'Results of the speleological survey in South Korea 1966 XV. Cave roosting chiropterans from South Korea' Bull. Nat. Sci. Tokyo 12: 255–272, 1969.

Johnson, D. H. and J. K. Jones, Jr. 'Three new rodents and the genera Micromys and Apodemus from Korea' Proc. Biol. Soc. Wash. 68: 167–174, 1955.

Jones, J. K., Jr. 'A dental abnormality in the shrew, Crocidura lasiura' Transactions of the Kansas Academy of Science 60: 88–89,

1957.

Jones, J. K., Jr. and D. H. Johnson  'A new reed vole, genus Microtus, from central Korea' Proc. Biol. Soc. Wash. 68: 193–196, 1955.

———————————  'Comments on two species of red-backed voles, genus Clethrionomys, from Korea and Manchuria' Nat. Hist. Misc., Chikago Acad. Sci., 157: 1–3, 1956.

———————————  'Review of the Insectivores of Korea' Univ. Kansas Publ., Mus. Hist. 9: 549–578, 1960.

———————————  'Synopsis of the Lagomorphs and Rodents of Korea' Univ. Kansas Publ., Mus. Nat. Hist. 16: 357–407, 1965.

김헌규  '한국산 박쥐'「한국문화연구원 논총」제10집, 1967.

岸田久吉  '日本に産する動物研究の紹介'「日本動物學雜誌」39: 406–420, 1927.

Kishida, K.  'A synopsis of Corean hamsters' Lansania, Tokyo 10: 147–160, 1929.

岸田久吉·森 爲三  '朝鮮産陸接哺乳動物の分布に就て'「日本動物學雜誌」43: 372–391, 1931.

Kuroda, N.  'Korean mammals preserved in the collection of Marquis Yamashina' J. Mamm. 15: 229–239, 1934.

Kuroda, N. and T. Mori  'Two new and rare mammals from Korea' J. Mamm. 4: 27–28, 1923.

Mollister, N.  'A new musk deer from Korea' Proc. Birl. Soc. Washington 5: 1–2, 1911.

Mori, T.  'On some new mammals from Korean hedgehog' Ann. & Mag. Nat. His. Ser. 9, 10: 614–616, 1922.

———————  'New name for a Korean flying squirrel' J. Mamm. 4: 191, 1923.

———————  'A new species of Microtus from Korea' Chosen Nat. Hist. Soc. 10: 53, 1930.

———————  'On two new bats from Corea' Chosen Nat. Hist. Soc. 16: 4–5, 1933.

森 爲三 「朝鮮の動物概觀」「朝鮮學報」第1輯 拔刷 pp. 207–221, 1959.

Simpson, G. C. 'The principles of classification and a classification of mammals' Bull. Amer. Mus. Nat. Hist. 85: 1–350, 1945.

Sowerby, A. DE. C. 'On a new species of shrew from Corea' Ann. & Mag. Nat. Hist. Ser. 8, 20: 317–319, 1917.

Thomas, O. 'Diagnosis of a new species of hare from Corea' Ann. & Mag. Nat. Hist. Ser. 6, 9: 146–147, 1892.

_____ 'List of small mammals from Korea and Quelpart' P. Z. S. London pp. 858–865, 1906.

_____ 'Second list of mammals from Korea' P. Z. S. London. pp. 462–466, 1907.

Walker, E. P. 「Mammals of the World」 3rd edition. Johns Hopkins, 1975.

Wallin, L. 'The Japanese bat fauna. A comparative study of chrology, species diversity and ecological differentiation' Zool. Bidr. Uppsala 37: 223–440, 1969.

元炳旿 '韓國におけるチョウセンモモンガ Pteromys volans aluco(Thomas)の新繁殖記録'「哺乳動物學會誌」4: 40–42, 1968.

_____ 「한국포유류목록」경희대학교 한국조류연구소, 1976.

_____ 「한국의 희귀 및 위기 동식물」한국자연보호협회, 1981.

원병오·우한정 '대륙밭쥐에 의한 임목의 피해－洪川郡 蒼村國有林內에 發生한 鼠害에 대한 調査'農事試驗研究報告 1: 1–9, 1958.

원병휘 「한국동식물도감」제7권 동물편(포유류), 문교부, 1967.

우한정·김태욱 '지리산의 조수류' 서울대학교 농과대학 연습림연구보고 24: 19–24, 1988.

Yoon, M. H. 'Taxonomical study of four Myotis(Vespertilionidae) species in Korea' Korean J. Syst. Zool. 6(2): 173–191, 1990.

윤명희·손성원 '한국산 박쥐류의 계통분류학적 연구 1. Rhinolophidae의 1종과 Vespertilionidae의 6종에 대한 분류학적인 재검토 및 한국산 익수류상의 천이'「한국동물학 잡지」32: 374–392, 1989.

Yoon, M. H. and T. A. Uchida 'Identification of recent bats belonging to the Vespertilionidae by the humeral characters' J. Fac. Agr. Kyushu Univ., 28: 31–50, 1983.

Yoon, M. H., K. Ando and T. A. Uchida  'Taxonomic validity of scientific names in Japanese Vespertilio species by ontogenetic evidence of the penile pseudobaculum' J. Mamm. Soc. Japan. 14: 119–128, 1990.

Yoshiyuki, M.  'Taxonomic status of the least red-toothed shrew(Insectivora, Soricidae) from Korea' Bull. Natn. Sci. Mus., Tokyo Ser. 14: 151–158, 1988.

**빛깔있는 책들 301-12**
# 야생 동물

| | |
|---|---|
| 글 | —윤명희 |
| 사진 | —윤명희 |
| 발행인 | —장세우 |
| 발행처 | —대원사 |
| 주간 | —박찬중 |
| 편집 | —김한주, 신현희, 조은정, 황인원 |
| 미술 | —윤봉희 |
| 전산사식 | —육양희, 이규헌 |

첫판 1쇄 —1992년 12월 31일 발행
첫판 5쇄 —2008년 3월 28일 발행

주식회사 대원사
우편번호/140-901
서울 용산구 후암동 358-17
전화번호/(02) 757-6717~9
팩시밀리/(02) 775-8043
등록번호/제 3-191호
http://www.daewonsa.co.kr

 값 13,000원

Daewonsa Publishing Co., Ltd.
Printed in Korea(1992)

ISBN 89-369-0137-0 00490

# 빛깔있는 책들

## 민속(분류번호 : 101)

## 고미술(분류번호 : 102)

## 불교 문화(분류번호 : 103)

## 음식 일반(분류번호 : 201)